Gerhard Jackisch

Mikrovariabilität und Zustandsgrößen von hellen Sternen

Veröffentlichungen der Sternwarte in Sonneberg · Band 5 · Heft 5

DEUTSCHE AKADEMIE DER WISSENSCHAFTEN ZU BERLIN

Veröffentlichungen der Sternwarte in Sonneberg

Band 5 · Heft 5

GERHARD JACKISCH

Mikrovariabilität und Zustandsgrößen von hellen Sternen

THEORIA CUM PRAXI

Akademie-Verlag · Berlin 1963

Erschienen im Akademie-Verlag GmbH, Berlin W 8, Leipziger Straße 3–4

Lizenznummer: 202 · 100/495/63
Gesamtherstellung: VEB Druckerei „Thomas Müntzer" Bad Langensalza
Bestell-Nr.: 2006/V/5 · ES 18 D 4 · Preis: DM 15,–

INHALT

CONTENTS

Einleitung

Die ersten Abschnitte dieser Arbeit befassen sich mit der Aufgabe, aus einer Anzahl von günstig zu beobachtenden Sternen diejenigen herauszusuchen, deren Helligkeit schwach veränderlich ist. Prinzipiell sind solche Testuntersuchungen schon seit 150 Jahren angestellt worden, so zum Beispiel in der ersten Hälfte des vorigen Jahrhunderts von J. HERSCHEL und W. STRUVE. Gegen Ende des vorigen Jahrhunderts erschienen von GORE und CHANDLER die ersten Verzeichnisse über verdächtige Sterne.

Diese visuellen Untersuchungen, die nur große Helligkeitsänderungen erfassen konnten, waren meist auf kein einheitliches photometrisches System bezogen. Deshalb erhielt man kaum reproduzierbare Helligkeitsmessungen. Die Genauigkeit dieser Untersuchungen und die Glaubhaftigkeit der Verdächtigungen ist daher gering, und sie lassen sich heute für wissenschaftliche Zwecke kaum verwenden. Anfang dieses Jahrhunderts begannen dann die lichtelektrischen Messungen an hellen Sternen, vor allem von GUTHNICK und PRAGER in Deutschland und von STEBBINS in den USA. Bereits bei diesen Pionierarbeiten zeigte sich die hohe Meßgenauigkeit eines lichtelektrischen Sternphotometers, so daß auch die ersten Veränderlichen mit kleiner Amplitude entdeckt und die ersten Verdächtigungen für kleine Amplituden ausgesprochen werden konnten. 1930 erschien dann von M. GÜSSOW und P. GUTHNICK [1] ein Katalog aller bis zu diesem Zeitpunkt lichtelektrisch photometrierten Sterne. Leider haben spätere Messungen immer wieder gezeigt, daß die vielen Verdächtigungen auf geringen Lichtwechsel oft nicht haltbar waren. Der Grund ist wohl in der damals noch geringen Erfahrung zu suchen, vor allem was die Einwirkung der Erdatmosphäre auf so genaue Messungen betraf. Auch verließ man sich zu sehr auf die Messungen der Lichtkurven und prüfte diese nur selten mathematisch-statistisch auf Signifikanz. Andererseits haben spätere Messungen oft deshalb zu einem negativen Resultat geführt, weil man jetzt mit übertriebener Vorsicht wirkliche Helligkeitsänderungen als zufällige Schwankungen des Transmissionskoeffizienten der Erdatmosphäre ansah. Tatsächlich treten solche Durchsichtigkeitsänderungen auf, manchmal auch in guten Beobachtungsnächten. In Sonneberg habe ich die Erfahrung gemacht, daß sich diese Schwankungen mit oft guter Regelmäßigkeit in Abständen von 150 bis 200 min und einer Amplitude bis zu $0\overset{m}{.}03$ wiederholen und man dann regelrechte Lichtkurven von sonst konstanten Sternen erhalten kann. Durch geeignete Beobachtungs- und Reduktionsmethoden lassen sich aber solche Störungen erkennen. Erst im Verlauf der letzten 20 Jahre ist man zu der Erkenntnis gelangt, daß „Periode" und „Periodizität" bei Sternen mit kleinen Amplituden manchmal weite Begriffe sind. Es darf daher nicht verwundern, wenn ein kritischer Beobachter früherer Zeiten in einem solchen halbregelmäßigen, vielleicht sogar zyklischen Lichtwechsel eher Durchsichtigkeitsänderungen der Erdatmosphäre sah. Tatsächlich können solche Täuschungen leicht bei Perioden $P > 1^d$ auftreten, weil es bei den kleinen Helligkeitsänderungen sehr schwierig wird, die Messungen verschiedener Nächte untereinander exakt anzuschließen.

Etwa zur gleichen Zeit wie der Katalog von GÜSSOW und GUTHNICK erschien von E. ZINNER ein Verzeichnis von 2191 verdächtigen Sternen [2]. Es enthält alle bis zu diesem Zeitraum mit den Hilfsmitteln der photographischen und visuellen Photometrie erhaltenen Verdächtigungen, während lichtelektrische Messungen nur wenig berücksichtigt werden.

Spätere Untersuchungen auf kleinen Lichtwechsel, die jetzt nur noch lichtelektrisch erfolgen, umfassen nur kleine Gruppen ausgewählter Sterne oder überhaupt bloß einzelne Sterne. Die umfassendste Arbeit in jüngster Zeit ist die von LYNDS [3]. Er untersuchte 50 frühe B-Riesen nach β-Cep-Sternen.

Die vorliegende Arbeit entsprang daher der Ansicht, daß es an der Zeit wäre, mit hoher Meßgenauigkeit und unter Ausschaltung aller möglichen, von außen kommenden Meßfehler, eine größere Gruppe von beliebigen Sternen, deren Auswahl nur von der Leistungsgrenze der Meßanordnung und der Berücksichtigung der Extinktion abhängt, auf Helligkeitsänderungen zu untersuchen. Ein weiteres Ziel dieser Arbeit, in der künftig die Veränderlichen mit kleinen Amplituden als Mikrovariable bezeichnet werden, ist in den beiden letzten Abschnitten der Versuch, die Lichtkurven der Mikrovariablen phänomenologisch einzuordnen und über einige Zustandsgrößen der Sterne und ihr Verhältnis zur Mikrovariabilität zu diskutieren.

I. Das Beobachtungsprogramm

1. Meßeinrichtung

Seit 1949 steht an der Sternwarte Sonneberg für lichtelektrische Arbeiten das 35-cm-Spiegelteleskop zur Verfügung, das auch für meine Arbeit Benutzung fand. Beobachtet wurde im CASSEGRAIN-Fokus bei einer Äquivalentbrennweite von 7000 mm.

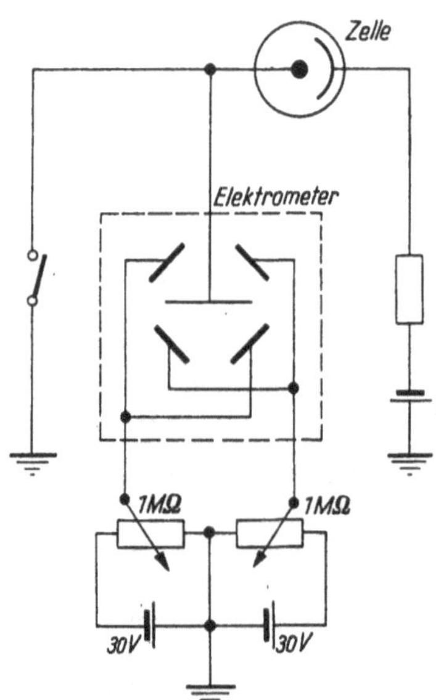

Abb. 1. Schaltschema des Photometers

Der erste Teil der Arbeit wurde noch mit einem von der Sternwarte Wolfersdorf stammenden GUTHNICKschen lichtelektrischen Photometer [4] mit LINDEMANN-Elektrometer [6] und Zeiß-Ikon-Vakuumzelle mit Cäsium-Antimon-Kathode ausgeführt. Obwohl solche Photometer bei Beginn dieser Arbeit im Jahre 1954 kaum noch in der Astronomie gebräuchlich waren, habe ich unser GUTHNICKsches Photometer doch benutzt, weil es funktionell in Ordnung war, während uns damals Sekundärelektronenvervielfacher nur minderer Güte zur Verfügung standen. Erst später, bei Einzelmessungen der aufgefundenen Veränderlichen (siehe Abschnitt V), wurde mit einem verbesserten Photometer mit Sekundärelektronenvervielfacher und Schreibgerät gearbeitet.

Das Schaltschema unseres GUTHNICKschen Photometers zeigt Abb. 1. Durch

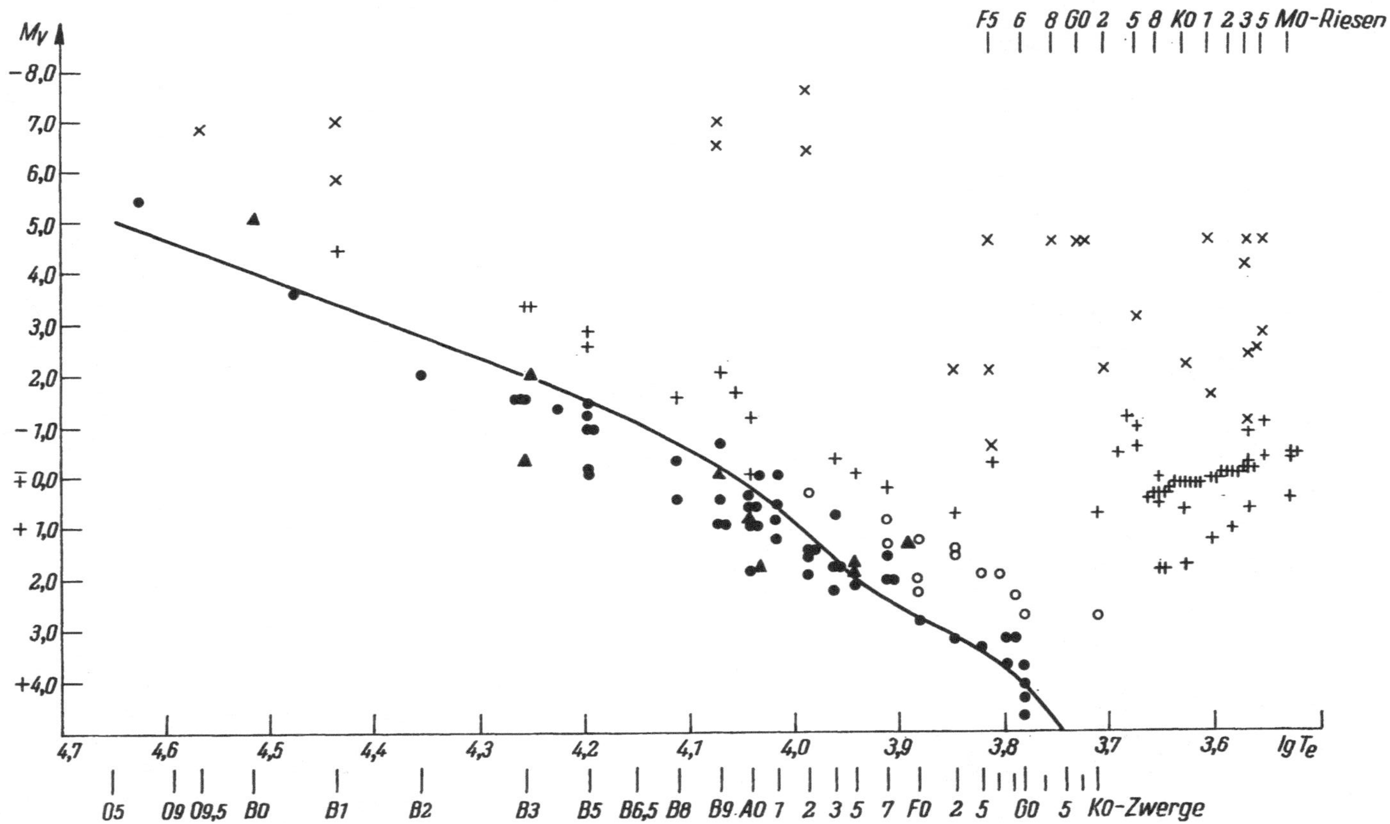

Abb. 2. Hertzsprung-Russell-Diagramm der Programmsterne

— jetzige Hauptreihe ● Hauptreihensterne ▲ Am- u. p-Sterne ○ Unterriesen + Riesen × Überriesen u. helle Riesen

Helligkeitsmessungen des Himmels in der Abenddämmerung bei nichtbewegtem Fernrohr mit und ohne Neutralfilter NG 4/1 mm konnte vollständige Proportionalität des Photometers festgestellt werden. Der Dunkelstrom der Zelle betrug bei schwacher Temperaturabhängigkeit im Mittel etwa 0.05 der für die Sterne gemessenen Intensitäten. Nur in den warmen Sommernächten, wenn die Temperatur in der Kuppel größer als 15° war, konnte er bis auf 0.1 dieses Wertes ansteigen. Das in Abschnitt II erläuterte Meßverfahren bedingte ein schnelles Arbeiten. Deshalb wurde, um die Einstellzeit für die Sterne klein zu halten, eine große Meßblende gewählt. Ihr Durchmesser betrug 2'.7. Im allgemeinen wurde nur dann gemessen, wenn die Intensität des Nachthimmelleuchtens höchstens das Dreifache der Intensität des Dunkelstromes betrug. Neben zwei Schiebern für Meßblenden und Filter enthielt das Photometer noch einen dritten mit einer radioaktiven Leuchtscheibe aus Zinksulfid [5]. Mit ihr konnte jederzeit das konstante Arbeiten des Photometers überprüft werden. Bei dem GUTHNICKschen lichtelektrischen Photometer ist es gebräuchlich und zweckmäßig, nach der Methode der Aufladezeiten [7] zu messen. Sie soll in Abschnitt II, 1, noch näher beschrieben werden.

2. Auswahl der Programmsterne

Wie ich bereits in der Einleitung erwähnte, sollte die Auswahl der Programmsterne nur von der Leistung der Meßanordnung und der Berücksichtigung der Extinktion abhängig sein. Die Leistungsgrenze des gesamten Instrumentes lag für frühe Spektralklassen etwa bei $6^m.0$. Da die Arbeit nicht auf spezielle Spektraltypen beschränkt werden sollte und außerdem die Erfahrung lehrt, daß bei Aufladezeiten von mehr als 15 sec die Auffassungsgabe des Beobachters und damit die Meßgenauigkeit sinken, wurden Sterne schwächer als $4^m.5$ nicht mit in das Programm aufgenommen. Dies ist also die erste Auswahl der Programmsterne, die, unabhängig vom Beobachter, nur durch die Leistungsfähigkeit des Instrumentes bedingt ist.

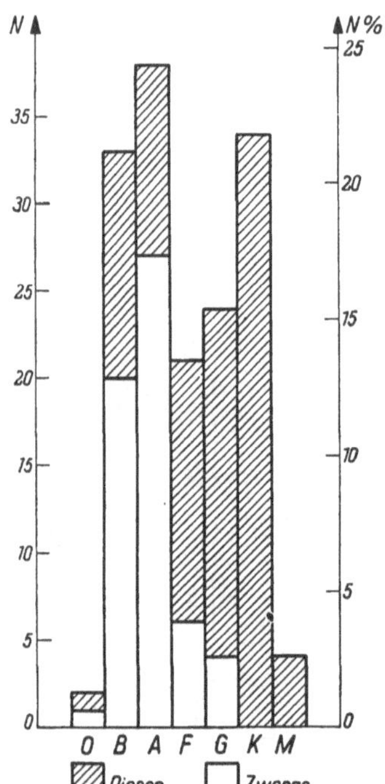

Abb. 3. Spektrale Verteilung der Programmsterne

Um die Extinktion (Zenitreduktion) möglichst völlig auszuschließen, wurden nur solche Sterne gemessen, für die die Zenitdistanz z während der Messung $z \leqq 20°$ sein kann. Für den Beobachtungsort (Sternwarte Sonneberg) sind das Sterne zwischen 30° und 70° nördlicher Deklination. Dies ist die zweite, nur durch die Extinktion bedingte Auswahl der Programmsterne. Nach Auslassen einiger bekannter Veränderlicher blieben 156 Sterne für das Programm. Abb. 2 zeigt die Programmsterne im HERTZSPRUNG-RUSSELL-Diagramm (H-R-Diagramm) und Abb. 3 ihre Verteilung nach Spektralklassen. Wie man mittels der rechten Ordinate (Anzahl N in %) in Abb. 3 ersehen kann, entspricht die Verteilung der Programmsterne etwa der der hellen Sterne, d.h. aber, daß die Programmsterne auf Grund ihrer zufälligen Auswahl eine Stichprobe aus der Grundgesamtheit der hellen Sterne darstellen. Dies ermöglicht in Abschnitt III, 1, die Anwendung einer Prüfverteilung auf die Meßergebnisse.

3. Katalog der Programmsterne

Sämtliche Programmsterne sind im nachfolgenden Katalog I enthalten. Ihre Gesamtzahl ist in einzelne Sätze unterteilt (siehe Abschnitt II, 1). Der Inhalt der Katalogspalten ist folgender:

1. Spalte: Nummer der Sätze.
2. Spalte: Laufende Nummer der Programmsterne.
3. Spalte: Nummer in der Revised Harvard Photometry [8].
4. Spalte: Bezeichnung der Sterne nach Bayer, Flamsteed oder Hevelius.
5. Spalte: Rektaszension für 1900.0.
6. Spalte: Deklination für 1900.0.
7. Spalte: Scheinbare visuelle Helligkeit m_v.
   Sie wurde entweder aus [8] entnommen oder aus neueren Literaturangaben wie z.B. [9] oder auch [10].
8. Spalte: Absolute visuelle Helligkeit M_v.
   Zu ihrer Bestimmung wurde etwa folgendermaßen vorgegangen: Lagen gute trigonometrische Parallaxen vor, meist $\pi \geq 0\overset{''}{.}030$, so wurde mit ihnen M_v berechnet [10, 11]. Sonst kamen die Kalibrierung nach Morgan und Keenan [12] oder die Neukalibrierung des MK-Systems von Johnson und Hiltner [13] in Anwendung. Wo nur der Mt.-Wilson-Spektraltyp vorlag, mußten auch [10] und [11] benutzt werden.
9. Spalte: Spektrum nach der MK- oder Mt.-Wilson-Klassifikation [10, 11, 12 u. a.]. Bei Doppelsternen wird, außer bei hellen Begleitern, nur das Spektrum der Hauptkomponente angegeben.
10. Spalte: Mittlere Aufladezeit t.
11. Spalte: Ein + bedeutet, daß in den Anmerkungen zum Katalog ein weiterer Hinweis für den betreffenden Stern steht.

Katalog I

S.	Lf. Nr.	HR-Nr.	Stern	RA	Dekl.	m_v	M_v	Spektrum	t	Anm.
1	1	1612	ζ Aur	4^h56^m	$40^\circ.9$	$3^m.6$	$-2^M.4$	K4II + B7 V	$10^s.8$	+
	2	1641	η Aur	5 00	41.1	3.16	−1.5	B3 V	4.6	
	3	1708	α Aur	5 09	45.9	0.09	−0.5	G5 III + G0 III	5.4	
	4	1568	7 Cam	4 49	53.6	4.47	+1.3	A1 V	9.0	
	5	1603	β Cam	4 55	60.3	4.22	−4.5	G0 Ib	11.2	
	6	1542	α Cam	4 44	66.2	4.38	−6.8	O9.5 Ia	7.1	
	7	2012	ν Aur	5 45	39.1	4.18	+0.2	K0 III	12.9	
	8	2095	ϑ Aur	5 53	37.2	2.71	0.0	A0sp	8.4	
	9	2077	δ Aur	5 51	54.3	3.88	+0.2	K0 III	9.9	
	10	2238	2 Lyn	6 11	59.0	4.42	+1.9	A0s	9.4	
	11	2540	ϑ Gem	6 46	34.1	3.59	−0.3	A3 III	4.8	
	12	2697	τ Gem	7 05	30.4	4.48	0.0	K2 III	19.4	
	13	2852	ϱ Gem	7 23	32.0	4.16	+2.9	F0 V	9.3	
	14	2890/91	α Gem	7 28	32.1	1.58	+0.9	A1 V + Am	6.6	+
2	15	2818	21 Lyn	7 19	49.4	4.45	0.0	A0	9.6	
	16	3275	31 Lyn	8 16	43.5	4.43	−0.3	K5 III	19.0	
	17	3323	o UMa	8 22	61.1	3.47	−1.1	G4 II–III	12.5	
	18	3594	ϰ UMa	8 57	47.6	3.68	−0.6	B9n	7.0	+
	19	3569	ι UMa	8 52	48.4	3.12	+2.1	A7 V	7.4	
	20	3579	10 UMa	8 54	42.2	3.95	+3.4	F5 V	7.6	
	21	3690	38 Lyn	9 13	37.2	3.82	+1.8	A3 V	10.9	
	22	3705	40 Lyn	9 15	34.8	3.13	−0.3	M0 III	7.9	
	23	3757	23 UMa	9 24	63.5	3.66	+1.3	F0 IV	11.3	
	24	3888	υ UMa	9 44	59.5	3.79	+1.6	F2 IV	12.5	
	25	3775	ϑ UMa	9 26	52.1	3.20	+2.0	F6 IV	7.9	
	26	4033	λ UMa	10 11	43.4	3.52	+0.4	A2 IV	7.6	
	27	4069	μ UMa	10 16	42.0	3.00	+0.5	M0 III	15.0	
	28	3974	21 LMi	10 02	35.7	4.47	+1.6	A7 V	10.4	
	29	4100	31 LMi	10 22	37.2	4.43	+0.6	gG8	13.3	+
3	30	4434	λ Dra	11 25	69.9	4.06	−0.4	M0 III	13.7	
	31	4301	α UMa	10 58	62.3	1.79	+0.1	K1 III	4.0	
	32	4295	β UMa	10 56	56.9	2.36	+0.5	A1 V	6.2	
	33	4335	ψ UMa	11 04	45.0	3.01	+0.1	K1 III	11.7	
	34	4247	46 LMi	10 48	34.8	3.84	+1.8	K0 III–IV	10.1	
	35	4377	ν UMa	11 13	33.6	3.48	−0.1	K3 III	9.5	
	36	4375	ξ UMa	11 13	32.1	3.86	+4.1	G0 V	7.7	+
	37	4518	χ UMa	11 41	48.3	3.85	+0.2	K0 III	10.2	
	38	4554	γ UMa	11 49	54.3	2.44	+0.6	A0 V	6.4	
	39	4660	δ UMa	12 10	57.6	3.31	+1.8	A3 V	7.4	
	40	4905	ε UMa	12 50	56.5	1.78	+0.9	A0p	8.0	+
	41	5054	ζ UMa	13 20	55.5	2.04	+2.0	A2 V	10.6	+
	42	5062	80 UMa	13 21	55.5	4.01	+2.2	A5 V	7.3	
	43	4785	8 CVn	12 29	41.9	4.29	+4.4	G0 V	10.9	

Katalog I (Fortsetzung)

S	Lf. Nr.	HR-Nr.	Stern	RA	Dekl.	m_v	M_v	Spektrum	t	Anm.
4	44	5191	η UMa	13ʰ44ᵐ	49°8	1ᵐ86	−1ᴹ5	B3 V	7ˢ1	
	45	5291	α Dra	14 02	64.9	3.64	−1.1	A0 III	8.8	
	46	5329	ϰ Boo	14 10	52.3	4.44	+0.9	A7 IV	9.2	+
	47	5404	ϑ Boo	14 22	52.3	4.06	+3.2	F7 V	8.2	
	48	5351	λ Boo	14 13	46.6	4.19	+1.9	A0p	7.2	
	49	5435	γ Boo	14 28	38.8	3.03	+0.3	A7 III	6.3	+
	50	5429	ϱ Boo	14 28	30.8	3.57	−0.1	K3 III	9.5	
	51	5447	σ Boo	14 30	30.2	4.46	+3.2	F2 V	10.6	
	52	5681	δ Boo	15 11	33.7	3.50	+0.4	G8 III	7.1	
	53	5778	ϑ CrB	15 29	31.7	4.17	0.0	B5ne	5.8	
	54	5733	μ¹Boo	15 21	37.7	4.30	+2.1	dA7n	8.7	
	55	5602	β Boo	14 58	40.8	3.63	+0.4	G8 III	7.3	
	56	6023	φ Her	16 06	45.2	4.26	0.0	B9p	6.8	
	57	5744	ι Dra	15 23	59.3	3.24	0.0	K2 III	7.1	
	58	5986	ϑ Dra	16 00	58.8	4.07	+2.4	F8 IV−V	8.4	
5	59	6092	τ Her	16 17	46.6	3.89	−2.0	B5 IV	10.0	
	60	6168	σ Her	16 31	42.7	4.25	+1.0	B9 V	7.7	
	61	6220	η Her	16 40	39.1	3.45	+1.9	G8 III−IV	7.8	
	62	6212	ζ Her	16 38	31.8	3.00	+2.8	G0 IV	7.8	
	63	6324	ε Her	16 56	31.1	3.88	+0.6	A0 V	12.6	
	64	6132	η Dra	16 23	61.7	2.71	+0.4	G8 III	9.0	
	65	6396	ζ Dra	17 08	65.8	3.22	−0.1	B5s	6.0	
	66	6554	ν Dra	17 30	55.2	4.20	+1.9	Am + Am	9.1	+
	67	6688	ξ Dra	17 52	56.9	3.65	+1.1	K2 III	11.3	
	68	6536	β Dra	17 28	52.4	2.99	−2.0	G2 II	9.2	
	69	6705	γ Dra	17 54	51.5	2.42	−1.0	K5 III	8.0	
	70	6588	ι Her	17 37	46.1	3.79	−1.5	B3 V	9.3	
	71	6418	π Her	17 12	36.9	3.36	−1.0	K3 II	8.0	
	72	6485	ϱ Her	17 20	37.2	4.14	−0.5	B9n + A6n	7.3	+
	73	6695	ϑ Her	17 53	37.3	3.99	−1.5	cK1	12.8	
6	74	6707	ν Her	17 55	30.2	4.48	−2.0	F2 II	8.3	
	75	6872	ϰ Lyr	18 16	36.0	4.34	0.0	K2 III	11.4	
	76	7001	α Lyr	18 34	38.7	0.04	+0.4	A0 V	4.2	
	77	7056	ζ Lyr	18 41	37.5	4.07	+1.4	Am + A3n	6.0	+
	78	7178	γ Lyr	18 55	32.6	3.30	−2.0	B9 III	5.0	
	79	7314	ϑ Lyr	19 13	38.0	4.46	−2.1	K0 II	12.3	
	80	7298	η Lyr	19 10	39.0	4.46	−2.5	B5s	10.7	
	81	7615	η Cyg	19 53	34.8	4.03	+0.2	K0 III	8.2	
	82	7528	δ Cyg	19 42	44.9	2.97	−1.6	B9.5 III	3.7	
	83	7420	ι Cyg	19 27	51.5	3.94	0.0	A1n	8.7	
	84	7328	ϰ Cyg	19 15	53.2	3.98	+0.7	K0 III	7.4	
	85	7740	33 Cyg	20 11	56.3	4.32	+0.8	A3	6.4	

Katalog I (Fortsetzung)

S.	Lf. Nr.	HR-Nr.	Stern	RA	Dekl.	m_v	M_v	Spektrum	t	Anm.
6	86	7310	δ Dra	$19^h 13^m$	67°5	3^m05	$+0^M3$	G9 III	8.9	
	87	7582	ε Dra	19 49	70.0	3.99	−0.4	gG3	7.5	
7	88	7850	ϑ Cep	20 28	62.7	4.28	+1.8	Am	6.5	
	89	7957	η Cep	20 43	61.5	3.59	+2.8	K0 IV	11.1	
	90	7751	32 Cyg	20 12	47.4	4.16	−2.7	K5Ib—II + B2V	10.9	–
	91	7735	31 Cyg	20 11	46.4	3.95	−4.0	K3Ib + B3V	11.0	–
	92	7796	γ Cyg	20 19	39.9	2.32	−4.5	F8 Ib	6.8	
	93	7834	41 Cyg	20 25	30.0	4.09	−2.0	F5 II	6.4	
	94	7942	52 Cyg	20 42	30.4	4.34	+0.5	gG7	10.7	
	95	7949	ε Cyg	20 42	33.6	2.45	+0.2	K0 III	5.5	
	96	7963	λ Cyg	20 44	36.1	4.47	−0.9	B5 V	6.1	–
	97	8130	τ Cyg	21 11	37.6	3.75	+2.1	F0 IV	9.9	
	98	8028	ν Cyg	20 53	40.8	4.04	+1.0	A0 V	9.1	
	99	8079	ξ Cyg	21 01	43.5	3.92	−4.5	K5 Ib	10.1	
	100	7924	α Cyg	20 38	44.9	1.26	−7.5	A2 Ia	4.0	
8	101	8146	υ Cyg	21 14	34.5	4.42	−0.3	B3p	5.5	
	102	8143	σ Cyg	21 13	39.0	4.28	−6.4	B9 Iab	5.9	
	103	8252	ϱ Cyg	21 30	45.2	4.02	+0.1	G8 III	8.3	
	104	8335	π²Cyg	21 43	48.9	4.26	−3.3	B3 III	9.4	
	105	8454	π Peg	22 06	32.7	4.30	−0.2	F5 II—III	8.4	
	106	8498	1 Lac	22 12	37.3	4.22	−0.8	K3 II—III	12.8	
	107	8762	o And	22 57	41.8	3.63	−1.4	B5 + A2p	6.0	+
	108	8585	7 Lac	22 27	49.8	3.80	+1.6	A2 V	7.9	
	109	8494	ε Cep	22 11	56.6	4.23	+2.3	F0 IV	6.8	
	110	8465	ζ Cep	22 07	57.7	3.62	−4.5	K1 Ib	7.8	
	111	8334	ν Cep	21 43	60.7	4.46	−6.3	A2 Ia	8.6	
	112	8162	α Cep	21 16	62.2	2.41	+1.4	A7n	13.0	
	113	8417	ξ Cep	22 01	64.1	4.41	+2.3	A3 + G	7.8	+
	114	8694	ι Cep	22 46	65.7	3.68	+1.3	K1 III	6.7	
9	115	8965	ι And	23 33	42.7	4.28	−0.3	B8 V	11.6	
	116	8976	ϰ And	23 36	43.8	4.13	+0.5	B8 V	10.6	
	117	8961	λ And	23 33	45.9	3.88	+1.9	G8 III—IV	8.4	+
	118	130	ϰ Cas	0 27	62.4	4.16	−6.9	B1 Ia	5.4	
	119	21	β Cas	0 04	58.6	2.25	+1.5	F2 IV	6.1	
	120	219	η Cas	0 43	57.3	3.45	+4.7	G0 V	9.1	
	121	153	ζ Cas	0 31	53.4	3.72	−2.0	B2 V	5.6	
	122	335	φ And	1 04	46.7	4.28	−1.5	B8 III	10.4	
	123	226	ν And	0 44	40.5	4.52	−0.9	B5 V	6.6	
	124	269	μ And	0 51	37.9	3.94	+1.5:	A2	5.2	
	125	337	β And	1 04	35.1	2.06	−0.4	M0 III	5.7	
	126	63	ϑ And	0 12	38.1	4.44	+1.5	A2 V	8.9	

Katalog I (Fortsetzung)

S.	Lf. Nr.	HR-Nr.	Stern	RA	Dekl.	m_v	M_v	Spektrum	t	Anm.
9	127	154	π And	$0^h 32^m$	33°.2	$4^m.44$	$-1^M.3$:	B4	$11^s.3$	
	128	165	δ And	0 34	30.3	3.49	−0.1	K3 III	12.1	
10	129	542	ε Cas	1 47	63.2	3.44	+3.3	B3 III	5.3	
	130	496	φ Per	1 37	50.2	4.19	−5.0:	Bop	9.9	+
	131	464	51 And	1 32	48.1	3.56	−0.1	K3 III	9.3	
	132	458	υ And	1 31	40.9	4.08	+3.2	F8 V	8.5	
	133	603	γ And	1 58	41.9	2.21	0.0	K2 III + A0	4.9	+
	134	622	β Tri	2 04	34.5	3.08	0.0	A5 III	5.5	
	135	664	γ Tri	2 11	33.4	4.07	+1.0	A0 V	5.7	
	136	840	16 Per	2 44	37.9	4.22	+0.8	F2 III	8.6	
	137	799	ϑ Per	2 37	48.8	4.12	+3.7	F7 V	8.4	
	138	937	ι Per	3 02	49.2	4.04	+3.8	G0 V	8.5	
	139	915	γ Per	2 58	53.1	3.08	−0.9	A5 + G5 III	7.5	+
	140	854	τ Per	2 47	52.4	4.06	+0.8	gG1 + A5	8.9	+
	141	834	η Per	2 43	55.5	3.93	−4.5	K3 Ib	12.3	
	142	1035	2H Cam	3 21	59.6	4.42	−6.9	cB9p	8.2	
11	143	1131	ο Per	3 38	32.0	3.84	−4.4	B1 III	9.0	
	144	1203	ζ Per	3 48	31.6	2.83	−5.8	B1 Ib	4.0	
	145	1228	ξ Per	3 52	35.5	4.05	−5.4	O7	4.9	
	146	1220	ε Per	3 51	39.7	2.88	−3.6	B0.5 V	8.0	
	147	1135	ν Per	3 38	42.3	3.78	−0.5	F5 II	6.4	
	148	1122	δ Per	3 36	47.5	3.03	−2.8	B5 III	4.0	
	149	1087	ψ Per	3 29	47.9	4.23	−1.2	B5ne	5.8	
	150	1017	α Per	3 17	49.5	1.90	−4.5	F5 Ib	5.0	
	151	941	κ Per	3 03	44.5	4.00	+0.2	K0 III	9.6	
	152	1261	λ Per	3 59	50.1	4.33	+1.0	B9 V	7.1	
	153	1303	μ Per	4 08	48.2	4.28	−4.5	G0 Ib	11.8	
	154	1273	48 Per	4 01	47.5	4.03	−2.0:	B3p	5.2	
	155	1454	58 Per	4 30	41.1	4.46	−3.0	G5 Ib—II	14.8	
	156	1577	ι Aur	4 50	33.0	2.90	−2.3	K3 II	10.4	

Anmerkungen zum Katalog:

Die Sterne sind links durch ihre laufende Nummer aufgeführt. Für visuelle Doppelsterne steht ein A mit der Nummer des Sterns im Doppelsternkatalog von Aitken [14]. Es sind aber nur solche Doppelsterne angezeigt, bei denen der Begleiter während der Messung mit in der Meßblende stand. Sein Abstand von der Hauptkomponente durfte also nicht größer als 80″ sein. Außerdem wurde er auch dann nicht aufgeführt, wenn seine Helligkeit kleiner als 1/10 der Helligkeit der Hauptkomponente ist.

Ist nämlich

$$m_B = m_A + 2{,}5\ ,$$

dann erfolgt, wenn sich m_B um $0^m.1$ ändert, in der Gesamthelligkeit eine Änderung um $0^m.01$. Dieser Wert liegt bereits innerhalb der Streuung, so daß es sinnlos wäre, noch schwächere Komponenten zu berücksichtigen.

Spektroskopische Duplizität ist, nur wenn notwendig, unter VI, 2, angegeben.

Veränderliche sind nur dann aufgeführt, wenn sie im Generalkatalog Veränderlicher Sterne [15] enthalten sind. Bei ihnen steht nur der Typ der Veränderlichkeit und der Grund der Beobachtung, weitere Angaben sind unter VI,2, zu finden.

1 EA, Beobachtungen während des Normallichtes.
14 A 6175.
18 A 7158.
29 A 7780.
36 A 8119, beide Komponenten G0 V.
40 α CV, Beobachtungen wegen des geringen Lichtwechsels ($0^m.03$).
41 A 8891, Mt.-Wilson-Spektrum: A2sp + A6s.
46 A 9173.
49 Typ der Veränderlichkeit unbekannt, Lichtwechsel gering ($0^m.05$).
66 A 10628, für jede Komponente $M_v = +1.9$.
72 A 10526.
77 A 11639, $M_v(\zeta^1) = 1.4$, $M_v(\zeta^2) = 2.8$.
Mt.-Wilson-Spektrum für ζ^1 = dA9s.
90 EA, Beobachtungen während des Normallichtes.
M_v(K-Stern) = −2.7 und M_v(B-Stern) = 0.0.
Die Bezeichnung 32 o^2 Cygn im Catalogue of bright Stars ist falsch. Er wird auch im Generalkatalog Veränderlicher Sterne I, S. 242, [15] irrtümlich als o^2 Cyg bezeichnet. Der Stern HR 7751 = GC 28160 [16] ist 32 Cyg!
91 EA, Beobachtungen während des Normallichtes.
M_v(K-Stern) = −4.0 und M_v(B-Stern) = −2.0.
31 Cyg ist gleich o^2 Cyg A = HR 7735 = GC 28099!
96 A 14296.
107 Wahrscheinlich Hüllenstern mit Bedeckungslichtwechsel [17].
113 A 15600, $M_v = +2.3$ gilt für den A-Stern.
117 Beobachtungen wegen der unbekannten Art des Lichtwechsels.
130 Ia, Beobachtungen wegen des geringen Lichtwechsels ($0^m.1$).
133 A 1630, M_v(K-Stern) = 0.0 und M_v(A-Stern) = 1.6.
139 Zusammengesetztes Spektrum.
140 Zusammengesetztes Spektrum.

II. Meßmethode und Reduktion der Messungen

1. Instrumenteller Meßvorgang

Als empfindlichste Meßmethoden mit Faden- oder LINDEMANNelektrometern kommen in der Astronomie nur die Auflademethoden [7], und zwar die Potential- und die Zeitmeßmethode (Methode der Aufladezeiten) in Frage. Daß wohl nur die Zeitmeßmethode angewandt wurde, liegt vor allem an dem bequemeren Messen: Nach Öffnen des Erdungsschalters (Abb. 1) braucht man nur die Zeit zu stoppen, die die Elektrometernadel braucht, um eine bestimmte Meßstrecke zu durchlaufen, während bei der Potentialmeßmethode nach einer bestimmten Zeit (z.B. durch Metronomschläge gegeben) der Elektrometerausschlag abgelesen wird. Wie schon in I, 1, vermerkt, wurde auch im vorliegenden Beobachtungsprogramm nach der Zeitmeßmethode gearbeitet. Bei ihr ist der Photostrom i gegeben durch Ladungszunahme dq pro Zeitelement dt

$$i = \frac{dq}{dt}$$

oder durch die Potentialzunahme du pro Zeitelement dt, multipliziert mit der Kapazität C von Zelle, Zuleitung und Elektrometer,

$$i = C\frac{du}{dt},$$

oder für eine konstante endliche Meßstrecke

$$i = C\frac{\Delta u}{\Delta t}.$$

Da $C = \text{const}$ und beim Zeitmeßverfahren auch $\Delta u = \text{const}$, so ist der Photostrom i umgekehrt proportional zur Aufladezeit Δt:

$$i \sim \frac{1}{\Delta t}.$$

Da die Konstanten während eines Programmes immer gleich bleiben, so genügt es, die Aufladezeit Δt zu bestimmen und diese nach der bekannten Definitionsgleichung

$$m = -2.5 \lg \frac{1}{\Delta t}$$

in Größenklassen umzuwandeln. Vor dieser Umwandlung muß aber Δt selbst noch reduziert werden, denn Δt setzt sich zusammen aus der Aufladezeit t für den jeweils photometrierten Stern und ferner aus den Aufladezeiten d für den Dunkelstrom und h für das durch die Meßblende hindurchtretende Nachthimmelleuchten. Da sich die einzelnen Intensitäten additiv zusammensetzen, werden

$$\frac{1}{t} = \frac{1}{\Delta t} - \frac{1}{h + d}$$

und

$$m = -2.5 \lg \frac{1}{t}.$$

Um einen Überblick über die Aufladezeiten t zu geben, sind ihre mittleren Werte im Katalog I der Programmsterne (I, 3) tabuliert.

m unterliegt nun auch noch kleinen Veränderungen. Die Empfindlichkeit der Meßanordnung wird in den verschiedenen Beobachtungsnächten, auch nach Korrektion des Quadrantenpotentials, niemals völlig gleich sein. Wie schon im Abschnitt I, 1, vermerkt, befand sich deshalb als künstlicher Vergleichstern eine radioaktive Leuchtscheibe im Photometer. Unsere Leuchtscheiben sind in ihrer Helligkeit, wahrscheinlich durch günstige Mischungen, jahrelang völlig konstant und klingen dann langsam ab. Daher sind sie als Helligkeitsnormale für viele Zwecke sehr geeignet [18]. Die Empfindlichkeit unseres Photometers war nun so eingestellt, daß als Normzustand die Leuchtscheibe eine Helligkeit von $L_N = 2^m\!.000$ haben sollte. Da in jeder Beobachtungsnacht die Helligkeit L der Leuchtscheibe etwa alle 15 min bestimmt wurde, konnte an der graphischen Darstellung dieser Messungen einmal die Konstanz der Meßanordnung, zu der letztlich auch der Beobachter gehört, und zum anderen der Empfindlichkeitsunterschied zur Normalempfindlichkeit überprüft werden. Die Korrektion auf die Normalempfindlichkeit der Meßanordnung wird dann

$$m_L = L_N - L$$

und somit die wirkliche Sternhelligkeit

$$m_0 = m + m_L .$$

2. Beobachtungstechnischer Meßvorgang

Aus verschiedenen Gründen, vor allem wegen der Bestimmung der Zenitextinktion und um auf die Meßergebnisse statistische Methoden zweckmäßig anwenden zu können, wurden die Programmsterne in elf Sätze zu je 13 bis 15 Sternen eingeteilt. Die mittlere Anzahl der Messungen betrug für jeden Satz 13. Jeder Satz wurde nur dann gemessen, wenn für seine Mitglieder die Zenitdistanz $z \leqq 20°$ war, und wenn sie etwa denselben Stundenwinkel hatten wie in der ersten Beobachtungsnacht. Dadurch waren Zenitreduktion e und differentielle Extinktionsänderungen de/dz praktisch völlig ausgeschaltet. Leider konnte infolge langer Schlechtwetterperioden nicht immer bei denselben Stundenwinkeln beobachtet werden, so daß sich kleine Zenitdistanzdifferenzen ergaben. An die Helligkeit der davon betroffenen Sterne wurde eine dieser Differenz entsprechende Korrektion angebracht, die höchstens $0^m\!.02$ betrug. Dabei wurde folgendermaßen verfahren: Änderungen der Zenitdistanz innerhalb $0° \leqq z \leqq 15°$ erfuhren keine Berücksichtigung, da bis $z = 15°$ auch die lichtelektrische Zenitreduktion unter $0^m\!.01$ bleibt. Kam $z > 15°$ vor, dann betrug die Helligkeitskorrektion m_e für 5° Zenitdistanzänderung $m_e = 0^m\!.01$. Zenitdistanzänderungen unter 5° fanden ebenfalls wegen der zu geringen Änderung der Zenitreduktion keine Beachtung. Die Korrektionen betragen etwa das 1,5fache der visuellen Extinktion nach Müller [19] und können daher als lichtelektrische Extinktionskorrektionen betrachtet werden.

Wie ich schon in der Einleitung bemerkte, treten hier in Sonneberg auch in guten klaren Nächten zeitliche Extinktionsschwankungen de/dt in Wellen von 150 bis 200 min Dauer auf. Auch aus diesem Grunde wurde die Anzahl der Sterne pro Satz auf 15 beschränkt. Dadurch betrug nämlich die Meßdauer eines Satzes nur 45 bis 50 min, also nur ein Viertel bis ein Drittel der Zeit der Durchsichtsschwankungen. Da die Helligkeitsmessungen gleichzeitig zur Bestimmung der Zenitextinktion k benutzt wurden, so konnte der Fehler, der durch diese Durchsichtsschwankungen in k und damit auch in die Messungen einging, höchstens $0^m\!.01$ betragen, wenn man auf Grund der Erfahrung annimmt, daß die durch die Durchsichtsschwankungen hervorgerufenen Helligkeitsänderungen der Sterne nicht mehr als $0^m\!.03$ betragen. Aus demselben Grunde wurde das Gesamtlicht der Sterne gemessen, da Farbmessungen zu viel Zeit beansprucht hätten. Außerdem wäre noch die Grenzgröße des

Instrumentes herabgesetzt worden, was zu einer erheblichen Beschränkung des Programms geführt hätte. Ein Filter war nur bei den Sternen angewandt worden, deren Aufladezeit $\Delta t < 4$ sec war. Dazu wurde das schon früher in unserem Labor auf hinreichende Neutralität geprüfte Neutralfilter NG 4/1 mm benutzt.

3. Reduktion auf gleiche Zenitextinktion

Da die Messungen keine relativen Anschlußmessungen darstellen, sondern unmittelbar zur Bestimmung der scheinbaren lichtelektrischen Größenklasse führen, geht die von Nacht zu Nacht schwankende Zenitextinktion k von vornherein voll in die Messungen ein. Zur Eliminierung von k gibt es bewährte Verfahren. Sie benötigen aber von einem Stern jeweils mehrere Helligkeitsbestimmungen pro Nacht. Da aber nur eine Helligkeitsbestimmung pro Nacht vorhanden ist, habe ich ein anderes Verfahren angewandt.

Es läßt sich zunächst von der Tatsache leiten, daß es hier gar nicht erforderlich ist, die Zenitextinktion vollständig zu eliminieren. Es kommt nur darauf an, daß sie bei allen Helligkeitsbestimmungen immer denselben konstanten Betrag hat. Für jeden Satz gilt nun folgendes:

In i Nächten werden j Sterne beobachtet. Ihre Helligkeiten N sind

$$\begin{array}{lllll}
N_{11}, & N_{12}, & \dots & N_{1\,j-1}, & N_{1\,j} \\
N_{21}, & N_{22}, & \dots & N_{2\,j-1}, & N_{2\,j} \\
\cdot & \cdot & \cdot & \cdot & \cdot \\
\cdot & \cdot & \cdot & \cdot & \cdot \\
\cdot & \cdot & \cdot & \cdot & \cdot \\
N_{i-1\,1}, & N_{i-1\,2}, & \dots & N_{i-1\,j-1}, & N_{i-1\,j} \\
N_{i\,1}, & N_{i\,2}, & \dots & N_{i\,j-1}, & N_{i\,j}\,.
\end{array}$$

Nun wird eine Nacht als Normalnacht (Bezugsnacht) ausgewählt, meist die mit der kleinsten Zenitextinktion, also mit den größten Sternhelligkeiten. Im obigen Beispiel soll die 1. Nacht ($i = 1$) die Normalnacht sein. Bildet man nun die Differenz der Helligkeiten der Sterne in einer beliebigen Nacht zu ihren Helligkeiten in der Normalnacht, dann muß für alle Sterne dieses Satzes diese Differenz ein konstanter Betrag sein, abgesehen von der Streuung, die durch Meßfehler entsteht. Es ist also z.B.

$$\begin{array}{l}
N_{11} - N_{21} \approx N_{12} - N_{22} \approx \dots \approx N_{1\,j-1} - N_{2\,j-1} \approx N_{1\,j} - N_{2\,j} \\
\cdot \qquad \cdot \qquad \cdot \qquad \cdot \qquad \cdot \\
\cdot \qquad \cdot \qquad \cdot \qquad \cdot \\
\cdot \qquad \cdot \qquad \cdot \qquad \cdot \qquad \cdot \\
N_{11} - N_{i\,1} \approx N_{12} - N_{i\,2} \approx \dots \approx N_{1\,j-1} - N_{i\,j-1} \approx N_{1\,j} - N_{i\,j}\,.
\end{array}$$

Die Summe einer solchen Zeile dividiert durch j ergibt dann die Differenz der Zenitextinktion Δk in der i-ten Nacht zur Zenitextinktion k in der Normalnacht

$$\Delta k = \frac{1}{j}\left(\sum_{1}^{j} N_{1\,j} - \sum_{1}^{j} N_{i\,j}\right)$$

und somit die auf gleiche Zenitextinktion reduzierten Sternhelligkeiten m_k:

$$m_k = m_0 - \Delta k\,.$$

Es schien mir aber zweckmäßig, sich nicht nur auf den theoretischen Wert von Δk zu verlassen, sondern die Helligkeitsdifferenzen zur Normalnacht noch graphisch darzustellen. An Hand ihrer stärker streuenden Meßpunkte können dann schon Mikrovariable erkannt werden. Liegen zufällig diese Meßpunkte einseitig verteilt, so ist das errechnete Δk mit einem Fehler behaftet. Durch entsprechende Korrektionen, z. B. Weglassen der stärker streuenden Meßpunkte bzw. Differenzen $N_{1j} - N_{ij}$, kann jetzt das wirkliche Δk errechnet werden. Außerdem zeigen solche Darstellungen der Helligkeitsdifferenzen durch ihre Gesamtstreuung die Güte der Nacht an, was bei der geforderten Genauigkeit dieses Beobachtungsprogramms von großem Wert war.

III. Anwendung einer Prüfverteilung und Meßergebnisse

1. Die F-Verteilung und ihre Anwendung

Wie aus Abb. 3 zu ersehen war, entspricht die spektrale Verteilung der Programmsterne infolge der in Abschnitt I, 2, beschriebenen zufälligen Auswahl etwa der der hellen Sterne. Man kann deshalb diese Stichprobe selbst als endliche Grundgesamtheit ansehen. Dann stellt jeder Stern bzw. stellen seine Messungen eine Stichprobe dar. Auf solche Messungen kann unter der Voraussetzung, daß Grundgesamtheit und Stichproben normal verteilt sind, was auf Grund des vorliegenden Problems sicher der Fall ist, ohne weiteres eine statistische Prüfverteilung angewandt werden. Da durch das diskontinuierliche Meßverfahren die Streuung der Grundgesamtheit unbekannt blieb, war es zweckmäßig, zwei Stichproben miteinander zu vergleichen. Deshalb wurde auf das Problem die F-Verteilung von R. A. Fisher [20, 21, 22] angewandt. Bei ihr geht man von der Nullhypothese aus, daß der Unterschied zwischen zwei Streuungen s_1^2 und s_2^2 nur durch rein zufällige Störungen verursacht wird, und prüft

$$F = \frac{s_1^2}{s_2^2}$$

für einen vorgegebenen Sicherheitspunkt P, oberhalb dessen mit einer Wahrscheinlichkeit von

$$w = 1 - P$$

der Unterschied zwischen zwei Streuungen als signifikant zu betrachten ist.

Aus den in Abschnitt II reduzierten Sternhelligkeiten m_k läßt sich die Streuung (das Quadrat des mittleren Fehlers) bestimmen. Dann kann die Streuung zweier Sterne, für die gleiche Meßbedingungen vorliegen, miteinander verglichen werden. Gleiche Meßbedingungen liegen stets für alle Sterne eines Satzes vor. Deshalb muß der Stern, der in einem Satz die geringste Streuung hat, in seiner Helligkeit völlig konstant sein. Seine Streuung setzt sich nur aus den Fehlern der Atmosphäre, des Instrumentes und der Auffassungsgabe des Beobachters zusammen, und man könnte sie in die obige Formel der F-Verteilung als s_2^2 einsetzen, um mit ihr die Streuung eines beliebigen anderen Sternes innerhalb eines Satzes zu vergleichen. Damit aber zufällige Begünstigungen beim Messen eines Sternes ausgeschlossen werden, wurde als s_2 das Mittel aus den beiden kleinsten Fehlern benutzt und als s_c bezeichnet.

s_c ist also für jeden Satz eine Konstante, ebenso aber auch F, denn F ist nur abhängig von der Anzahl der Beobachtungen N_i und von P, das zu $P = 0.01$ gewählt wurde.

Durch Umformen der Gleichung der F-Verteilung, und wenn gesetzt wird $s_1 = s_v$, entsteht

$$s_v = \pm s_c \sqrt{F}.$$

D.h., es ist jetzt für jeden Satz ein mittlerer Fehler s_v gegeben, unterhalb dessen die mittleren Fehler s_i der Sternhelligkeiten m_k nur zufällige Meßfehler darstellen, und oberhalb dessen die s_i mit 99% Wahrscheinlichkeit nicht mehr als zufällig zu betrachten sind.

2. Meßergebnisse

In der nachfolgenden Tabelle 1 werden die Meßergebnisse wiedergegeben. Es bedeuten:

1. Spalte: Nummer des Satzes.
2. Spalte: Freiheitsgrad n_1 zur Festlegung von F. $n_1 = N_1 - 1$.
3. Spalte: Wie 2. Spalte, $n_2 = N_2 - 1$.
4. Spalte: Das aus der Tafel von SNEDECOR [23] für n_1 und n_2 sowie für $P = 0.01$ entnommene F.
5. Spalte: s_c, das Mittel aus den beiden kleinsten Fehlern.
6. Spalte: s_v, die berechnete Fehlergrenze, oberhalb welcher die Sterne sicher veränderlich sind.
7. Spalte: Laufende Nummer der Sterne.
8. Spalte: Sternbezeichnungen.
9. Spalte: s_i, die mittleren Fehler der Sternhelligkeiten m_k.
10. Spalte: Anmerkungen. Es bedeuten ein +, daß das s_i zur Berechnung von s_c in Frage kam, und ein V, daß der Stern infolge $s_i > s_v$ als veränderlich anzusehen ist.

Die Werte der Spalten 1 bis 6, die jeweils für einen ganzen Satz gelten, sind nur bei dem ersten Stern des betreffenden Satzes aufgeführt.

Die Abb. 4 vergegenwärtigt die Lage der veränderlichen Programmsterne im H-R-Diagramm. Sie setzen sich zusammen aus

1 Ib-Überriesen,
2 hellen Riesen,
14 Riesen,
1 Unterriesen,
11 Hauptreihensternen,
4 p-Sternen und
1 Am-Stern,

insgesamt sind es 34 Sterne, deren Helligkeit für veränderlich gefunden wurde. Daß von den mitgemessenen neun bekannten Veränderlichen nur zwei als veränderlich erkannt wurden, liegt an folgendem: Bei drei Bedeckungsveränderlichen geschahen die Messungen nur während des Normallichtes, bei einem — o And — liegen bestimmte Verhältnisse vor, die in VI,2, näher erläutert werden, und bei drei Sternen ergeben die geringen Amplituden: $s_i < s_v$!

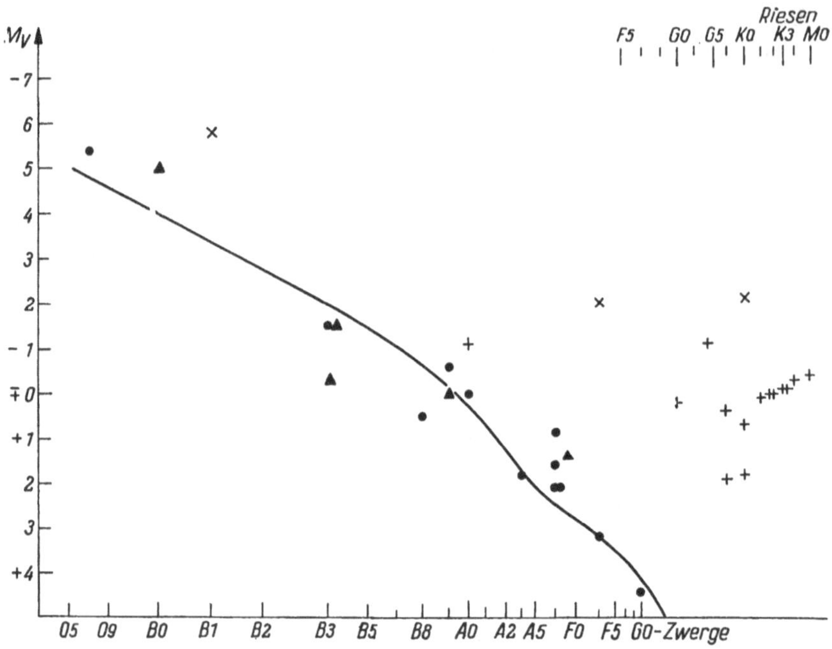

Abb. 4. H-R-Diagramm der veränderlichen Programmsterne

— jetzige Hauptreihe ● Hauptreihensterne ▲ Am- u. p-Sterne ○ Unterriesen
+ Riesen × Überriesen u. helle Riesen

Ferner sollen noch zwei Abbildungen zeigen, daß eine Korrelation zwischen der Aufladezeit t und anderen Merkmalen nicht existiert. Aus Abb. 5 kann man die Verteilung der Aufladezeiten für sämtliche Programmsterne ersehen. In diese Verteilung ist die Verteilung der Aufladezeiten der Veränderlichen schraffiert eingetragen. Die in das Schema eingeschriebenen Zahlen geben in Prozent die Häufigkeit der Veränderlichen zur Häufigkeit der Programmsterne bei einer bestimmten Aufladezeit t. Implizit enthalten diese Verteilungen die scheinbare lichtelektrische Helligkeit bzw. den Spektraltyp. Zwischen 5 sec $\leqq t \leqq$ 11 sec beträgt der Mittelwert der Häufigkeit 20%. Dabei muß man der Häufigkeitsverteilung infolge der kleinen Zahlen eine Abweichung von mindestens $\pm$ 5% zugestehen. Ab $t \geq$ 12 sec ist eine Diskussion wegen der kleinen Zahlen nicht mehr möglich. Dasselbe darf wohl auch für $t = 4$ sec gelten. Ferner sind unter den elf Sternen mit $t \geq$ 10 sec acht Sterne mit Spektraltyp Go oder später, wovon sieben Riesensterne sind. D.h., es findet bei den längeren Aufladezeiten eine Häufung der roten Riesen statt, die meist scheinbar geringe lichtelektrische Helligkeiten besitzen. Auch dadurch ist eine Zunahme der prozentualen Häufigkeit der Veränderlichen ab $t \geq$ 10 sec zu erklären. Aus Abb. 5 kann man daher ersehen, daß die Veränderlichkeit nicht durch eine Abhängigkeit zwischen scheinbarer Helligkeit bzw. Spektraltyp und Aufladezeit beeinflußt wird, da eine solche nicht existiert. In Abb. 6 sind die mittleren Fehler s der Sternhelligkeiten m_k in Abhängigkeit von der Aufladezeit t eingetragen. Um festzustellen, ob z.B. s zunimmt, wenn t wächst, d.h., ob eine Korrelation zwischen s und t besteht,

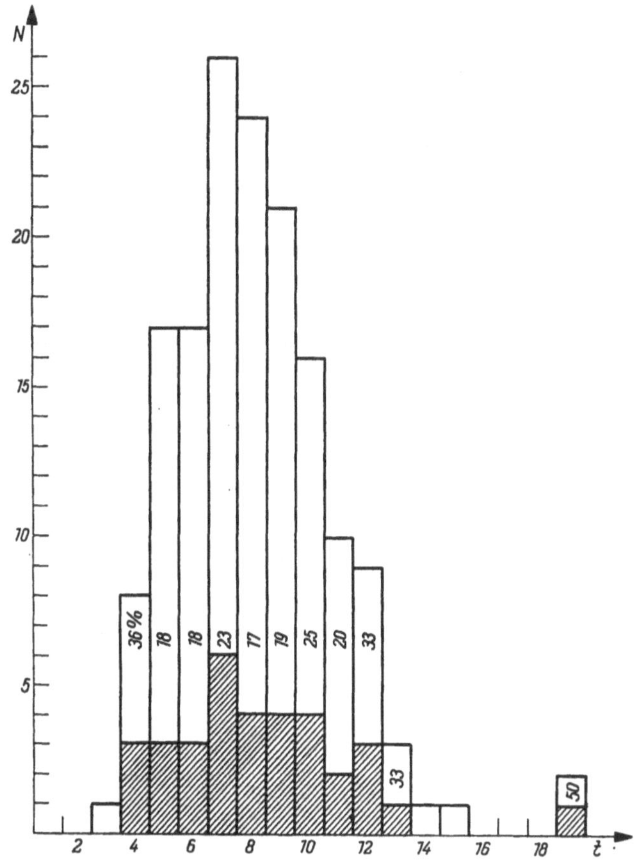

Abb. 5. Häufigkeitsverteilungen

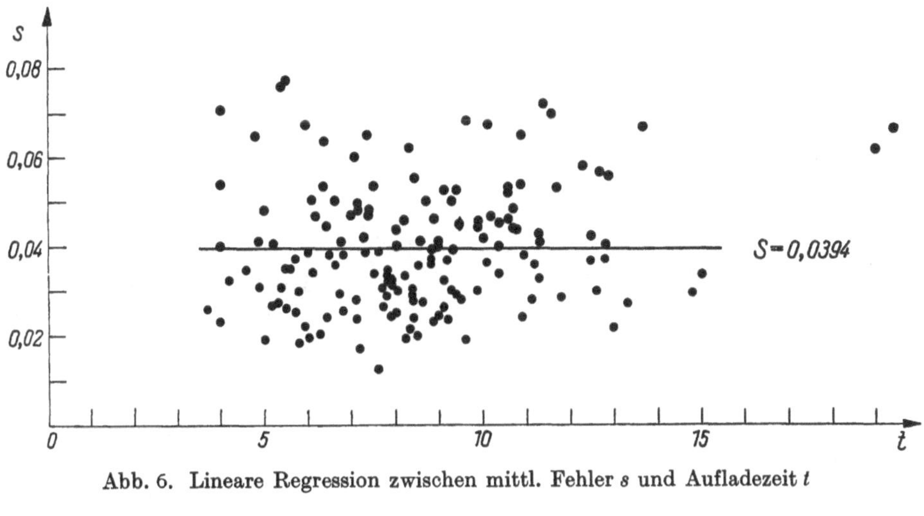

Abb. 6. Lineare Regression zwischen mittl. Fehler s und Aufladezeit t

Tabelle 1

Satz	n_1	n_2	F	s_c	s_v	Nr. St.	Stern	s_i	Anmerk.
1	11	10	4.78	$\pm 0^m.0310$	$\pm 0^m.0678$	1	ζ Aur	$\pm 0^m.0442$	
						2	η Aur	345	+
						3	α Aur	762	V
						4	7 Cam	413	
						5	β Cam	361	
						6	α Cam	601	
						7	ν Aur	558	
						8	ϑ Aur	276	+
						9	δ Aur	446	
						10	2 Lyn	525	
						11	ϑ Gem	645	
						12	τ Gem	658	
						13	ϱ Gem	498	
						14	α Gem	499	
2	11	11	4.46	±0.0184	±0.0389	15	21 Lyn	681	V
						16	31 Lyn	610	V
						17	o UMa	427	V
						18	ϰ UMa	470	V
						19	ι UMa	478	V
						20	10 UMa	126	+
						21	38 Lyn	243	+
						22	40 Lyn	311	
						23	23 UMa	330	
						24	υ UMa	365	
						25	ϑ UMa	246	
						26	λ UMa	389	
						27	μ UMa	334	
						28	21 LMi	401	V
						29	31 LMi	276	
3	12	12	4.16	±0.0293	±0.0598	30	λ Dra	572	V
						31	α UMa	705	V
						32	β UMa	467	
						33	ψ UMa	532	
						34	46 LMi	673	V
						35	ν UMa	282	+
						36	ξ UMa	304	+
						37	χ UMa	466	
						38	γ UMa	536	
						39	δ UMa	469	
						40	ε UMa	402	
						41	ζ UMa	537	
						42	80 UMa	423	
						43	8 CVn	653	V
4	13	13	3.90	±0.0182	±0.0359	44	η UMa	490	V
						45	α Dra	±0.0369	V

Tabelle 1 (Fortsetzung)

Satz	n_1	n_2	F	s_c	s_v	Nr. St.	Stern	s_i	Anmerk.
						46	$\varkappa$ Boo	$\pm 0^m.0372$	V
						47	ϑ Boo	196	+
						48	λ Boo	168	+
						49	γ Boo	204	
						50	ϱ Boo	449	V
						51	σ Boo	459	V
						52	δ Boo	280	
						53	ϑ CrB	299	
						54	μ^1 Boo	366	V
						55	β Boo	386	V
						56	φ Her	380	V
						57	ι Dra	487	V
						58	ϑ Dra	294	
5	12	13	3.90	$\pm 0^m.0244$	$\pm 0^m.0482$	59	τ Her	423	
						60	σ Her	266	
						61	η Her	329	
						62	ζ Her	330	
						63	ε Her	297	
						64	η Dra	415	
						65	ζ Dra	386	
						66	ν Dra	324	
						67	ξ Dra	410	
						68	β Dra	235	+
						69	γ Dra	253	+
						70	ι Her	302	
						71	π Her	445	
						72	ϱ Her	390	
						73	ϑ Her	403	
6	13	13	3.90	± 0.0291	± 0.0575	74	ν Her	623	V
						75	$\varkappa$ Lyr	720	V
						76	α Lyr	324	+
						77	ζ Lyr	676	V
						78	γ Lyr	480	
						79	ϑ Lyr	582	V
						80	η Lyr	438	
						81	η Cyg	458	
						82	δ Cyg	259	+
						83	ι Cyg	501	
						84	$\varkappa$ Cyg	648	V
						85	33 Cyg	635	V
						86	δ Dra	465	
						87	ε Dra	536	
7	12	12	4.16	± 0.0290	± 0.0591	88	ϑ Cep	382	
						89	η Cep	278	+
						90	32 Cyg	± 0.0542	

Tabelle 1 (Fortsetzung)

Satz	n_1	n_2	F	s_c	s_v	Nr. St.	Stern	s_i	Anmerk.
						91	31 Cyg	$\pm 0^m.0380$	
						92	γ Cyg	408	
						93	41 Cyg	443	
						94	52 Cyg	487	
						95	ε Cyg	348	
						96	λ Cyg	500	
						97	τ Cyg	302	+
						98	ν Cyg	524	
						99	ξ Cyg	360	
						100	α Cyg	542	
8	11	11	4.46	$\pm 0^m.0202$	$\pm 0^m.0427$	101	υ Cyg	771	V
						102	σ Cyg	223	
						103	ϱ Cyg	208	+
						104	π² Cyg	288	
						105	π Peg	304	
						106	1 Lac	372	
						107	o And	197	+
						108	7 Lac	324	
						109	ε Cep	254	
						110	ζ Cep	287	
						111	ν Cep	413	
						112	α Cep	218	
						113	ξ Cep	346	
						114	ι Cep	295	
9	12	12	4.16	±0.0265	±0.0541	115	ι And	700	V
						116	ϰ And	519	
						117	λ And	553	V
						118	ϰ Cas	308	
						119	β Cas	344	
						120	η Cas	262	+
						121	ζ Cas	350	
						122	φ And	454	
						123	ν And	359	
						124	μ And	268	+
						125	β And	370	
						126	ϑ And	396	
						127	π And	425	
						128	δ And	566	V
10	13	13	3.90	±0.0217	±0.0428	129	ε Cas	274	
						130	φ Per	448	V
						131	51 And	394	
						132	υ And	360	
						133	γ And	308	
						134	β Tri	260	
						135	γ Tri	±0.0252	

Tabelle 1 (Fortsetzung)

Satz	n_1	n_2	F	s_c	s_v	Nr. St.	Stern	s_i	Anmerk.
						136	16 Per	$\pm 0^{\mathrm{m}}.0274$	
						137	ϑ Per	239	
						138	ι Per	201	+
						139	γ Per	340	
						140	τ Per	233	+
						141	η Per	394	
						142	2 H Cam	334	
11	11	11	4.46	$\pm 0^{\mathrm{m}}.0185$	$\pm 0^{\mathrm{m}}.0391$	143	o Per	244	
						144	ζ Per	401	V
						145	ξ Per	413	V
						146	ε Per	298	
						147	ν Per	238	
						148	δ Per	230	
						149	ψ Per	184	+
						150	α Per	191	
						151	$\varkappa$ Per	187	+
						152	λ Per	243	
						153	μ Per	286	
						154	48 Per	407	V
						155	58 Per	302	
						156	ι Aur	± 0.0343	

wurde der Regressionskoeffizient b berechnet [24]. Er gibt die Steigung der Regressionsgeraden an:

$$S = a + b\,t\,.$$

Diese muß die Forderung erfüllen, daß die Summe der quadratischen Abstände der Meßpunkte möglichst klein sein soll:

$$\sum_i (s_i - S_i)^2 = \mathrm{Min}\,,$$

oder

$$\sum_i (s_i - a - b\,t_i)^2 = \mathrm{Min}\,.$$

Werden von diesem Ausdruck die partiellen Ableitungen nach a und b gebildet, dann ergibt sich für a

$$a = \bar{s} - b\,\bar{t}\,,$$

und für b nach einiger Umformung

$$b = \frac{\sum_i t_i s_i - \frac{\sum_i s_i \sum_i t_i}{N}}{\sum_i t_i^2 - \frac{\left(\sum_i t_i\right)^2}{N}}\,,$$

und die Regressionsgerade wird

$$S = \bar{s} + b\,(t - \bar{t})\,.$$

Da $b = 0.000634$,
ist $b\,(t - \bar{t}) \approx 0$
und somit $S = \bar{s}$,
und da $\bar{s} = 0.0394$,
wird $S = 0.0394$.

Obwohl der Regressionskoeffizient $b = 0.000634$ sehr klein ist, habe ich eine Beurteilung mittels der normierten Gaußverteilung

$$\varphi(u) = \frac{1}{\sqrt{2\,\pi}} \cdot e^{-u^2/2}$$

durchgeführt [25]. Die Nullhypothese lautet: Die Abweichung $b - \beta$ ist nur zufällig, wobei $\beta = 0$ der Regressionskoeffizient für die Grundgesamtheit der Meßpunkte der hellen Sterne ist.

Für u gilt die Formel

$$u = \frac{b - \beta}{\sigma} \sqrt{\sum_i (t_i - \bar{t})^2}\,,$$

wobei die Streuung σ sich berechnet aus:

$$\sigma^2 = \frac{\sum_{i=1}^{N} (s_i - S_i)^2}{N - 2}$$

$$\sigma = \pm\, 0.0138\,,$$

und u wird

$$u = 1.633\,.$$

Zur Sicherheitsgrenze von $P = 0.01$ gehört aber ein

$$u_P = 2.576\,.$$

Da

$$u < u_P\,,$$

ist die Nullhypothese richtig und die Abweichung $b - \beta$ nicht signifikant. Folglich zeigt Abb. 6, daß bei einer Änderung der Aufladezeit t der mittlere Fehler s sich nicht oder nur zufällig ändert.

IV. Wirkliche Anzahl der Veränderlichen und Amplituden

1. Entdeckungswahrscheinlichkeit

Durch die F-Verteilung wurden 34 Sterne, davon zwei bereits bekannte Veränderliche, als veränderlich erkannt. Wie groß ist aber die wirkliche Anzahl von Veränderlichen unter den 156 untersuchten Sternen? Ich habe folgenden Ansatz gemacht:

Es wird eine bestimmte Anzahl von Sternen photometrisch beobachtet. Unter diesen befinden sich V Veränderliche, unabhängig davon, ob sie als veränderlich entdeckt worden sind oder nicht. Jeder Stern wird in einem Satz n-mal gemessen.

a_k ist die Anzahl der Sterne, die bei den n Messungen k-mal entdeckt wurden, d.h., deren Helligkeit k-mal oberhalb der für einen Satz gültigen Streuungsgrenze s_v lag.

p ist die Wahrscheinlichkeit, daß ein Veränderlicher einmal als variabel entdeckt wird.

Dann erhält man eine Folge von Anzahlen veränderlicher Sterne, die k-mal gefunden wurden:

$$\begin{aligned} a_0 &= V\,(1-p)^n \\ a_1 &= V\,(1-p)^{n-1} \cdot p\,n \\ &\;\;\vdots \\ a_k &= V\,(1-p)^{n-k}\,p^k \binom{n}{k} \\ &\;\;\vdots \\ a_n &= V\,p^n \end{aligned}$$

oder ganz allgemein die binomische Verteilung

$$a_k = V \binom{n}{k} p^k\,(1-p)^{n-k}\,.$$

Für eine solche Verteilung kann aber VAN GENTS Methode [26, 27] angewandt werden. Seine Endformel lautet

$$V = \frac{A \cdot G}{p \cdot n}\,,$$

wobei

$$A = \sum_{k=1}^{n} a_k$$

die Anzahl der gefundenen Veränderlichen darstellt, und

$$G = \frac{a_1 + 2\,a_2 + 3\,a_3 + \cdots + n\,a_n}{a_1 + a_2 + a_3 + \cdots + a_n}$$

gibt an, wie oft im Durchschnitt ein Veränderlicher entdeckt wurde. p kann dann für gegebenes G aus der Tabelle von KVIZ [28] entnommen bzw. extrapoliert werden. Im vorliegenden Falle war es zweckmäßig, das extrapolierte p mit der Formel von KVIZ [27, 28] zu verbessern:

$$\frac{G}{n} = \frac{p}{1-(1-p)^n}\,,$$

dann ergibt sich für p:

$$p = 0.37\,.$$

Ferner sind:

$$
\begin{aligned}
A &= 34 \qquad n = 13 \\
a_1 &= a_2 = a_8 = 0 \\
a_3 &= 7 \\
a_4 &= 9 \\
a_5 &= 7 \\
a_6 &= 6 \\
a_7 &= 4 \\
a_9 &= 1\,,
\end{aligned}
$$

somit

$$G = 4.85$$

und die Anzahl der Veränderlichen

$$V = 34\,.$$

Dieses Ergebnis berechtigt zu der Annahme, daß die Lichtkurven sinusförmig sein werden, da z.B. Bedeckungsveränderliche vom Algol-Typ keine so große Entdeckungswahrscheinlichkeit hätten. Diese Annahme ist bei den Einzelmessungen der Veränderlichen bestätigt worden. Durch das angewandte Meßverfahren und das relativ hohe n sind alle veränderlichen Sterne entdeckt worden, für deren mittlere Fehler die Ungleichung gilt:

$$s_i > s_v\,.$$

Wahrscheinlich wäre es besser, für verschiedene Intervalle von scheinbaren Helligkeiten und Amplituden bzw. Fehlergrenzen s_v die Entdeckungswahrscheinlichkeit zu berechnen. Für eine solche Unterteilung reicht aber der Umfang des vorliegenden Materials nicht aus, so daß es besser war, die Entdeckungswahrscheinlichkeit für das Gesamtergebnis zu bestimmen. Nun besteht noch die Frage, ob $V = 34$ abhängig ist von den verschiedenen Streuungen s_v^2 bzw. der Fehlergrenze s_v in den einzelnen Sätzen. Zur Klärung dieser Frage wurde Abb. 7 gezeichnet. Sie enthält die Anzahl

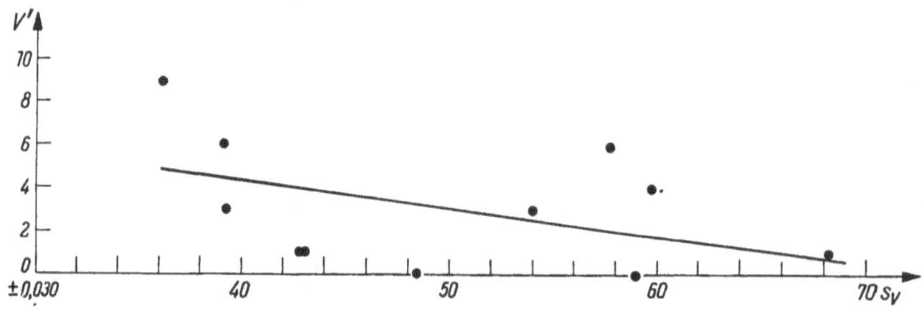

Abb. 7. Veränderlichkeit und Fehlergrenze s_v

V' der Veränderlichen in den Sätzen als Funktion der Fehlergrenze s_v und die für diese Meßpunkte ausgeglichene Gerade

$$v = a + b\,s_v$$

$$v = 9.8 - 134.5\,s_v\,,$$

die trotz des großen Absolutbetrages von b deshalb so flach liegt, weil die Einheit der Abszisse gegenüber der Einheit der Ordinate sehr stark gedehnt ist. Wie man in der

Abbildung sieht, kommen sowohl bei kleinen als auch bei großen s_v große als auch kleine V' vor. Da außerdem die Streuung um die Gerade groß ist, war zu prüfen, ob $b = -134.5$ signifikant von Null verschieden ist. Mittels der t-Verteilung

$$t = \frac{b - \beta}{\sigma} \sqrt{\sum (s_v - \bar{s}_v)^2} ,$$

wo zur Prüfung der Nullhypothese $\beta = 0$, $\bar{s}_v$ der Mittelwert der s_v und σ^2 die Streuung der Meßpunkte um die Gerade darstellt

$$\sigma^2 = \frac{\sum_{i=1}^{N} (V'_i - v_i)^2}{N - 2} ,$$

konnte entschieden werden, daß b nur zufällig von Null verschieden ist, da

$$t = -1.711 ,$$

während bei Signifikanz

$$|t| > t_P = 3.25$$

für $N - 2 = 9$ Freiheitsgrade und einer Irrtumswahrscheinlichkeit von $P = 0.01$ sein muß. D.h. aber, daß die Anzahlen V' der Veränderlichen in den einzelnen Sätzen unabhängig von der Fehlergrenze s_v aufgefunden wurden und daher

$$V = 34 \text{ Veränderliche}$$

nicht korrigiert zu werden braucht. Demnach befinden sich unter den hellen Sternen 22% Mikroveränderliche mit Amplituden von etwa $0^{\mathrm{m}}.1$ bis $0^{\mathrm{m}}.03$ (siehe auch IV, 2), wobei eine Zunahme der Veränderlichen nach kleineren Amplituden nicht festgestellt werden konnte. Denkt man sich die Messungen unterhalb von $s_v = \pm 0^{\mathrm{m}}.036$ fortgesetzt, und macht man die etwas gewagte Annahme, daß die V' dann weiterhin so verteilt wären, wie in Abb. 7, so ergibt sich bei grober Abschätzung, daß bis zu Amplituden von minimal $0^{\mathrm{m}}.01$ höchstens 30% der hellen Sterne mikrovariabel sind! Wenn diese Abschätzung auch nicht ganz zutreffend sein mag, weil vielleicht bei Amplituden von $0^{\mathrm{m}}.01$ ein gewisser Anstieg der Veränderlichkeit zu erwarten ist, so liegt trotzdem das Ergebnis weit unter dem, das bisher immer von der Mikrovariabilität erwartet wurde.

2. Amplituden

Um aus den vorliegenden Messungen Helligkeitsamplituden der Veränderlichen grob abschätzen zu können, müssen alle die Messungen beeinflussenden Fehler bekannt sein.

Die durch die Aufladezeit ermittelte Helligkeit m bzw. hier I (als Intensität) setzt sich, wie schon in Abschnitt II, 1, beschrieben, aus einer Summe von Einzelhelligkeiten I_i zusammen:

$$I = \sum_i I_i .$$

Diese sind Sternhelligkeit, Nachthimmelhelligkeit und Dunkelstrom; aber auch Korrektionsgrößen, wie Extinktion, Veränderung der Auffassungsgabe des Beobachters und der Instrumentalkonstanten, gehören zu den I_i. Jedes I_i ist mit einem mittleren Fehler σ_i behaftet:

$$I = I_1 \pm \sigma_1 + I_2 \pm \sigma_2 + I_3 \pm \sigma_3 + \cdots + I_n \pm \sigma_n .$$

Dann beträgt der mittlere Fehler von I

$$\sigma = \pm \sqrt{\sum_{i=1}^{n} \sigma_i^2} .$$

In gleicher Weise läßt sich der mittlere Fehler für die Sternhelligkeit m_k darstellen, denn m_k, bzw. hier I_k, setzt sich additiv aus den I_i zusammen. σ besteht aus folgenden σ_i:

σ_1 = Fehler durch Zenitextinktion,
σ_2 = Fehler durch zeitliche Extinktionsänderungen,
σ_3 = Fehler durch mangelhafte Auffassungsgabe des Beobachters,
σ_4 = Fehler durch Zenitreduktion,
σ_5 = Fehler durch Nachthimmelleuchten,
σ_6 = Fehler durch Dunkelstrom,
σ_7 = Fehler durch Änderung der elektrophysikalischen Konstanten des Instrumentes,
σ_v = Helligkeitsänderung des Sterns.

Da die radioaktive Leuchtscheibe in ihrer Helligkeit L völlig konstant ist und unter denselben Bedingungen wie die Sterne gemessen wurde, geben ihre Helligkeitsschwankungen nur die mangelhafte Auffassungsgabe des Beobachters wieder. Da über 83 Nächte der Mittelwert des mittleren Fehlers der Leuchtscheibenmessungen

$$\bar{\sigma}_L = \pm 0\overset{m}{.}005$$

betrug und der Wert

$$\sigma_L = \pm 0\overset{m}{.}008$$

nur achtmal überschritten worden ist, wurde als σ_3 eingesetzt

$$\sigma_3 = \pm 0\overset{m}{.}008 .$$

Nun darf angenommen werden

$$\sum_{i=4}^{6} \sigma_i^2 \ll \sum_{i=1}^{3} \sigma_i^2 .$$

Auf Grund der Erfahrung, die ich später mit einem rein objektiven Elektrophotometer (siehe V, 1) gemacht habe, kann angenommen werden, daß die linke Summe den Wert von $\pm 0\overset{m}{.}005$ nicht überschreitet:

$$\sqrt{\sum_{i=4}^{6} \sigma_i^2} \leqq \pm 0\overset{m}{.}005 .$$

Ferner soll sein

$$\sigma_1^2 + \sigma_2^2 = \sigma_e^2 .$$

σ_e ist also der durch Zenitextinktion und zeitliche Extinktionsschwankungen entstehende Fehler. Er läßt sich am günstigsten aus den graphischen Darstellungen der Helligkeitsdifferenzen (siehe II, 3) ableiten und beträgt für den 2. Satz, der den Stern

(10 UMa) mit dem kleinsten mittleren Fehler $s_i = \pm 0^m\!.0126$ hat und deshalb hier als Beispiel benutzt werden soll, $\sigma_{e2} \approx \pm 0^m\!.025$. Außerdem ist hier $\sigma = s_v' = \pm 0^m\!.027$ und nicht $\sigma = s_v = \pm\, 0^m\!.039$, da der zweite zur Berechnung von s_c bzw. s_v (siehe Abschnitt III, 1) benutzte Stern nur eine zusätzliche willkürliche Sicherheit bedeutet.

Nach Umrechnung über die Intensitäten der σ_i ergibt sich für eine mittlere Sternhelligkeit des 2. Satzes $m_k = 2^m\!.6$:

$$\sigma_v \approx \pm\, 0^m\!.01 \,,$$

wobei σ_v nicht die halbe Amplitude ist, sondern der mittlere Fehler für die auf verschiedenen Punkten der Lichtkurve gemessenen Helligkeitswerte. Nimmt man an, daß die im Mittel $n = 13$ Messungen gleichmäßig über die sin-Funktion von $0°$ bis $360°$ verteilt sind, dann ist der mittlere Fehler dieser Meßpunkte gleich dem sin $45°$:

$$\sigma_v = \pm \sin 45° = \pm \frac{1}{2}\sqrt{2} \,,$$

und der Maximalwert der sin-Funktion ist $\sigma_v \cdot \sqrt{2}$, so daß die kleinste Amplitude des 2. Satzes etwa

$$A_{2\min} \approx 0^m\!.03$$

beträgt. Analoge Überlegungen für die anderen Sätze, wobei sich nur der Wert für σ_e ändert, zeigen, daß die kleinsten meßbaren Amplituden bei $0^m\!.03$ bis $0^m\!.05$ liegen. Kleinere Amplituden als diese können demnach nicht erwartet werden. Die provisorischen Lichtkurven in Abschnitt VI, 2, haben das Ergebnis bestätigt.

Diese Abschätzung gilt selbstverständlich nur, wenn die zufälligen Meßfehler zwischen den Fehlergrenzen s_c und s_v' im wesentlichen durch σ_e erzeugt werden und nicht durch andere unkontrollierbare Fehler. Diese Annahme erscheint aber bei der guten Übersicht über die vorhandenen Meßfehler und bei der Vorsicht, mit der sowohl das Instrument als auch der Meßvorgang behandelt wurden, als gerechtfertigt.

V. Einzelmessungen der Programmsterne

1. Verbesserung der Meßeinrichtung

Die im Abschnitt VI, 2, gezeigten Lichtkurven wurden nur teilweise mit dem GUTHNICKschen Sternphotometer gemessen. Alle Messungen seit 1958 sind mit einem modernen Elektrophotometer mit Sekundärelektronenvervielfacher, Gleichstromverstärker und Kompensationsschreiber gemacht worden. Zur Vermeidung von Szintillationsstörungen bildete eine Feldlinse den vom Stern ausgeleuchteten Hauptspiegel auf der Photokathode ab. Die Meßblende betrug nur noch 25″ und lag im dingseitigen Brennpunkt der Feldlinie. Der SEV war gegen magnetische Felder durch ein Weicheisengehäuse von 3 mm Wandstärke abgeschirmt. Bewegungen des Fernrohres in beiden Koordinaten führten zu keiner Änderung des Photostromes.

Abb. 8 zeigt das Schaltschema des neuen Photometers [30, 31, 32, 33, 34, 35], zu dem hier noch einige Erläuterungen folgen sollen: Der SEV ist eine aus mehreren Exemplaren ausgesuchte Type 931 A der RCA. Er wurde aus einer Anodenbatterie mit 900 V betrieben. Um dem SEV bessere Dunkelstrom- und Rauscheigenschaften zu geben, ist der letzte Widerstand des Spannungsteilers vor der Anode — wie nach

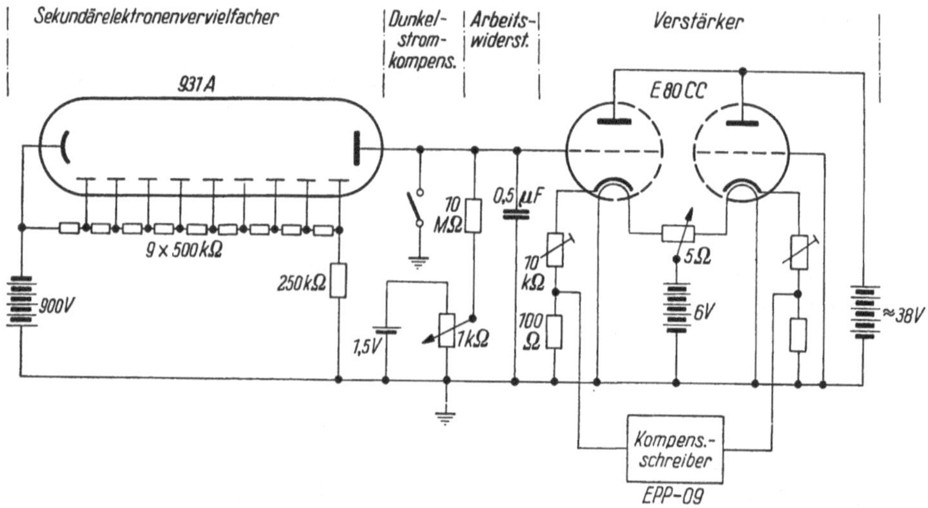

Abb. 8. Schaltschema des neuen Photometers

Erfahrung üblich – vermindert. Bei der Auslese des SEV wurde darauf geachtet, daß sein Rauschen möglichst klein ist, während es auf Empfindlichkeit wegen der hellen Sterne nicht ankam. Das mittlere Rauschstromquadrat eines SEV ist durch die SCHOTTKYsche Gleichung definiert:

$$\overline{\Delta i_{\mathrm{SEV}}^2} = 2\, e\, V\, I_a\, \Delta f\,,$$

mit $e = 1.6 \cdot 10^{-19}\, A$ sec = Ladung des Elektrons,

V = Verstärkungsfaktor des SEV,

I_a = Anodenstrom des SEV,

Δf = Bandbreite des Verstärkers,

$\Delta f = \frac{1}{2\,\pi\, R\, C} = \frac{1}{2\,\pi\,\tau}$, wenn $\tau = RC$ die Zeitkonstante ist.

Läßt man I_a auf den Wert des Dunkelstromes I_D sinken, so ergibt sich der Rauschstrom für I_D. Für den vorliegenden SEV mit den Werten

$I_D = 10^{-8}\, A$ (als Maximalwert)

$V = 10^6$

$\Delta f = \frac{1}{31{,}5}$ Hz, da $\tau = 5$ sec,

wird $\overline{\Delta i_{\mathrm{SEV}}^2} = 10^{-22}$ und der effektive Rauschstrom (Schrotrauschen des SEV)

$$I_r = 10^{-11}\, A$$

oder

$$I_r = 10^{-3} \cdot I_D\,.$$

Er beträgt demnach 1/1000 des Dunkelstromes und wird auch für größeres I_a nicht ungünstiger. Der effektive Rauschstrom darf also am Kompensationsschreiber kaum in Erscheinung treten. Dies stimmt mit der Wirklichkeit überein, das Dunkelstromniveau wurde stets durch eine fast vollständig glatte Linie dargestellt. In diesem Zusammenhang interessieren noch die anderen Rauschströme, und zwar zunächst das thermische Rauschen des Arbeitswiderstandes, dargestellt durch die NYQUISTformel

$$\overline{\Delta i_R^2} = \frac{4\,k\,T \cdot \Delta f}{R} ,$$

mit $k = 1.38 \cdot 10^{-23}\ Ws/\text{Grad}$ = BOLTZMANNkonstante,
T = absolute Temperatur $\approx 280\ °\text{K}$,
R = Arbeitswiderstand des SEV, hier $R = 10\ \text{M}\Omega$,

und das Schrotrauschen des Gitterstroms der Verstärkerröhre

$$\overline{\Delta i_g^2} = 2\,e\,I_g\,\Delta f$$

mit I_g = Gitterstrom der Verstärkerröhre.

Diese beiden Rauschströme können jedoch vernachlässigt werden, da sie sehr klein bleiben, insbesondere wurde durch günstige Einstellung des Arbeitspunktes der Verstärkerröhre $I_g = 0$. Es interessiert daher nur noch das Eigenrauschen des Signals, das durch die astronomische Szintillation hervorgerufen wird. Dieses Szintillationsrauschen ist proportional der Intensität des Anodenphotostromes I_a und der Bandbreite Δf des Verstärkers. Der Proportionalitätsfaktor $2\,\alpha$, der frequenzabhängig ist, kann wegen der geringen Bandbreite als konstant angesehen werden. Dann ergibt sich für das Szintillationsrauschen

$$\overline{\Delta i_s^2} = 2\,\alpha\,\Delta f \cdot I_a^2 .$$

Wenn I_a das 100fache des Anodendunkelstromes I_D beträgt, also

$$I_a = 10^2\, I_D$$
$$I_a = 10^{-6}\, A ,$$

und die Szintillationskonstante auf $\alpha = 10^{-3}\ s$ festgelegt wird, ergibt sich als effektiver Rauschstrom der Szintillation

$$I_s \approx 10^{-8}\, A ,$$

also ein Szintillationsrauschen von der Größenordnung des Maximalwertes des Dunkelstromes oder etwa 1% des Ausschlages am Schreiber. Da I_a nur für die hellsten Sterne meines Programmes etwa $10^2\, I_D$ betrug, war meistens I_s noch eine Zehnerpotenz kleiner. So geringe Rauschströme ermöglichen aber ein sehr genaues Ausmessen der Registrierkurve, wie es für das gegebene Programm erforderlich war. Um die aufgefundenen Veränderlichen möglichst genau mit anderen Sternen vergleichen zu können, sollten die Sterne an der Sphäre eng beieinanderstehen. Nur so ist es möglich, ein ungleiches Ansteigen der Zenitreduktion für die zu vergleichenden Sterne zu vermeiden. Aus diesem Grunde sollten Sterne bis zur visuellen Größe $6^{\text{m}}.5$ zum Vergleich benutzt werden. Um für solche Sterne noch einen zum Ausmessen günstigen Ausschlag am Schreiber zu erhalten, wurde der Arbeitswiderstand zu $10\ \text{M}\Omega$ gewählt. Die Zeitkonstante wurde, wie in der Astronomie oft üblich, zu $\tau = 5.0$ sec festgelegt. Mit den vorhandenen instrumentellen Daten

$D = 0.35$ m = Spiegeldurchmesser,
$\alpha = 10^{-3}$ sec = Szintillationskonstante,
$\tau = 5.0$ sec = Zeitkonstante,
$i_0 = 10^{-14}$ A = Kathodendunkelstrom (maximal),
$E \geq 20\ \mu\text{A}/lm$ = Kathodenempfindlichkeit des 931 A

kann dann bei Sternen von $m_v = 6.5$ mit dem geringen mittleren Fehler einer Helligkeitsmessung von $s = \pm 0\overset{m}{.}002$ gearbeitet werden, wie aus dem Nomogramm von GÜSSOW [29] zu ersehen ist. Eine so hohe Meßgenauigkeit erschien notwendig, da von den Vergleichsternen nichts über geringen Lichtwechsel bekannt ist und die Lichtkurven der Veränderlichen auch auf Helligkeitsschwankungen von $0\overset{m}{.}01$ untersucht werden sollten.

Für die Bestimmung eines Helligkeitswertes ist auch noch die Registrierdauer τ_R von Bedeutung. Sie wird wesentlich bestimmt durch die Einschwingdauer des RC-Gleichstromverstärkers. Da der Kondensator erst nach der Zeit $t = 2\pi\tau$ auf 99,8% seiner Endspannung aufgeladen ist, so wird τ_R, wenn man annimmt, daß die wirkliche Meßdauer der Sternhelligkeit mindestens gleich τ ist,

$$\tau_R \geqq (2\pi + 1)\,\tau\,.$$

Im vorliegenden Fall wäre $\tau_R \geqq 37$ sec. Um aber den wirklichen Meßausschlag besser überblicken zu können, wurde mit $\tau_R = 50$ sec gemessen. Am Ende einer Registrierung braucht der Kondensator ebenfalls eine gewisse Zeit, um sich über den Arbeitswiderstand vollständig zu entladen. Deshalb war die Möglichkeit geschaffen worden, durch einen Druckschalter den Kondensator kurzzuschließen.

Nun noch eine Bemerkung zum Verstärker: Wie man in Abb. 8 erkennen kann, ist es ein einstufiger RC-Gleichstromverstärker mit Anodenbasisschaltung und einer Kompensationsstufe zur Unterdrückung des Anodenruhestroms. Meßstufe und Kompensationsstufe sind in der Doppeltriode E 80 CC vereinigt, die auf besonders gute Gleichheit der beiden Röhrensysteme ausgesucht wurde. Da trotzdem die beiden Kathoden kaum gleiches Emissionsvermögen haben werden, wurde durch einen Spannungsteiler die Möglichkeit geschaffen, die Heizspannung schwach zu verändern. Dadurch kann vor allem die Steilheit der beiden Röhrensysteme, die besonders von der Kathodenemission abhängig ist, über einen genügend großen Aussteuerbereich gleichgemacht werden.

Als Anzeigegerät wurde der Kompensationsschreiber EPP—09 benutzt mit einem relativen Anzeigefehler von 0.5%. Da der Quellwiderstand dieses Gerätes etwa 200 Ω beträgt, sind die Kathodenwiderstände entsprechend unterteilt worden.

SEV und Verstärker wurden in einem licht- und praktisch auch luftdichten Gehäuse, das noch mit Silikagel getrocknet wurde, am Fernrohrende untergebracht, während sich Schreiber, Spannungsquellen, Dunkelstromkompensation und Heizspannungsteiler im Labor neben dem Kuppelraum befanden. Durch Messungen der abnehmenden Dämmerungshelligkeit (siehe I, 1) konnte Proportionalität der gesamten Meßeinrichtung festgestellt werden. Zu helle Sterne wurden auch bei diesem Photometer durch NG-4-Filter geschwächt, deren Neutralität wegen der Relativmessungen nicht überprüft worden ist.

2. Einzelmessungen der Veränderlichen

Sämtliche von der F-Verteilung ausgesonderten Sterne sind noch einzeln untersucht worden, indem sie an geeignete konstante Programmsterne angeschlossen wurden. Auf diese Weise gelang es, die in den Sätzen durchgeführten Helligkeitsmessungen für die Veränderlichen in Nachtwerte, d. h. in einen Helligkeitswert pro Nacht, umzuwandeln. Selbstverständlich ist die Genauigkeit dieser Nachtwerte infolge des größeren mittleren Fehlers, der gleich s_c zu setzen wäre, geringer als bei exakten Helligkeitsvergleichen. Trotzdem geben sie zumindest einen Überblick über den Lichtwechsel des Sterns. Bei 13 Veränderlichen sind überhaupt nur solche Nachtwerte vorhanden.

Bei den übrigen Veränderlichen, ausgenommen die schon bekannten λ And und φ Per, die nicht weiter verfolgt wurden, sind außer diesen provisorischen Nachtwerten noch exakte Nachtwerte und zum Teil auch ganze Beobachtungsreihen über mehrere Nächte angefertigt worden, ebenso aus verschiedenen Interessegründen bei 17 anderen Programmsternen. Wie im vorigen Abschnitt bereits erwähnt, wurden dabei auch Vergleichsterne gewählt, die nicht mit zu den Programmsternen gehörten, sie sollten den Veränderlichen nur möglichst nahe stehen und ein ähnliches Spektrum haben. Um eine Veränderlichkeit solcher Vergleichsterne zu erkennen, ist meistens noch ein zweiter mitgemessen worden. Damit die Helligkeit eines Veränderlichen wieder auf die Helligkeit eines konstanten Programmsternes bezogen werden konnte, wurden Anschlußmessungen zwischen diesen Vergleichsternen und konstanten Programmsternen vorgenommen. Alle Messungen fanden im integralen Licht statt. Dadurch war das Arbeitstempo groß, und es konnten unter Umständen auch schnelle Helligkeitsänderungen festgehalten werden.

Zur Reduktion der Extinktion hat sich folgendes graphische Verfahren bewährt: Die Meßpunkte eines Vergleichsternes ergeben in ihrer Gesamtheit für eine bestimmte Nacht und für den Spektraltyp des Vergleichsternes die Extinktionskurve. Die Meßpunkte des Veränderlichen ergeben für dieselbe Nacht und für den Spektraltyp des Veränderlichen dessen Extinktionskurve mit der Überlagerung des Lichtwechsels. Subtrahiert man die beiden Extinktionskurven, so bleiben als Differenz der durch den Unterschied der beiden Spektraltypen hervorgerufene Extinktionsrest und der Lichtwechsel. Der Extinktionsrest kann durch Extinktionsfaktoren beseitigt werden. Sie sind vor allem von GUTHNICK und PRAGER [36, 37] in die lichtelektrische Photometrie eingeführt und 1936 von SCHNELLER [38] für durchschnittliche Babelsberger Beobachtungsnächte neu bestimmt worden. Diese SCHNELLERschen Extinktionsfaktoren korrigieren in Abhängigkeit vom Spektraltyp die MÜLLERsche visuelle Extinktion [19] auf die lichtelektrische Extinktion. Sie gelten daher strenggenommen nur für Orte mit einem Transmissionskoeffizienten $p = 0.835$.

Die Extinktionsfaktoren lassen sich nach folgender Methode bestimmen: m_a sei die lichtelektrische scheinbare Helligkeit des Vergleichsternes in der oberen Kulmination, m_a' seine entsprechende Helligkeit bei der Zenitdistanz z, e_z die visuelle Zenitreduktion bei der gleichen Zenitdistanz z und f_a der vom Spektraltyp des Vergleichsternes abhängige Extinktionsfaktor. Dann gilt die Beziehung

$$m_a = m_a' + e_z f_a ,$$

oder als Helligkeitsdifferenz ausgedrückt,

$$m_a - m_a' = e_z f_a$$

und entsprechend für den Veränderlichen

$$m_v - m_v' = e_z f_v .$$

Da es bei meinem Reduktionsverfahren nur auf das Verhältnis der beiden Faktoren ankommt, entsteht durch Division der beiden letzten Gleichungen

$$\frac{m_v - m_v'}{m_a - m_a'} = \frac{f_v}{f_a} ,$$

und es ergibt sich dann

$$m_v = m_v' + (m_a - m_a')\frac{f_v}{f_a}$$

als die auf die obere Kulmination des Veränderlichen bezogene scheinbare lichtelektrische Helligkeit, die durch ein einfaches Extinktionsglied auf das Zenit bezogen werden kann:

$$m_{v_0} = m_v' + (m_a - m_a')\frac{f_v}{f_a} + e_K f_v\,,$$

wobei e_K die Zenitreduktion bei der oberen Kulmination des Veränderlichen darstellt. Da die obere Kulmination zwischen $0° \leqq z \leqq 20°$ stattfand, blieb ein eventueller Fehler durch e_K sehr klein.

Die Methode hat aber einen wesentlichen Nachteil, der ihre Anwendung nicht unmittelbar ermöglicht: f_v ist nicht nur von der Extinktion und damit auch vom Spektraltyp des Veränderlichen abhängig, sondern wird noch von dessen Lichtwechsel beeinflußt! Bei den geringen Amplituden kann so der Lichtwechsel zum Verschwinden gebracht werden. Daher ist es besser, die Extinktionsfaktoren nach der obigen Gleichung

$$m - m' = e_z f$$

für verschiedene Spektraltypen und durchschnittliche Beobachtungsnächte zu bestimmen, um dann mit diesen mittleren Extinktionsfaktoren m_{v_0} zu berechnen. Da nach N. Richter [39] für Sonneberg der Transmissionskoeffizient ebenfalls $p = 0.835$ ist, müßten auch die Schnellerschen Extinktionsfaktoren anwendbar sein. Meine Untersuchungen haben das vollauf bestätigt! Ich habe daher für f fast immer die Schnellerschen Werte benützt. Sollten diese für eine Beobachtungsnacht nicht ganz zutreffend gewesen sein, können in der Lichtkurve Über- oder Unterkorrektionen auftreten. Diese sind aber sofort zu erkennen: Bei Überkorrektion tritt bei der Beobachtungszeit, bei der der Vergleichstern die geringste Extinktion hat (obere Kulmination oder deren Nachbarschaft), in der Lichtkurve des Veränderlichen ein Minimum ein bzw. sie erhält eine charakteristische Depression. Bei Unterkorrektion erscheint das entsprechende Gegenteil. Leider läßt sich bei Nachtwerten ein fehlerhaftes f nicht erkennen. Um trotzdem diesen Fehler klein zu halten, war es notwendig, die Nachtwerte in der Nähe des Zenits zu bestimmen. Dasselbe gilt bei Nachtwerten auch für die Zenitreduktion.

Nach meiner Erfahrung ist diese Reduktionsmethode mit für jede lichtelektrische Photometrie geforderter Genauigkeit anwendbar, solange die Distanz der beiden zu vergleichenden Sterne 1°, in Zenitdistanz 30′, möglichst nicht überschreitet, da sonst Extinktionsreste infolge verschiedener Zenitdistanzen auftreten. Auch habe ich stets bei $z = 45°$ die Messungen eingestellt. Die Erfahrung hat mir hier in Sonneberg gezeigt, daß bei $z > 45°$ die zeitlichen Extinktionsschwankungen sehr oft unkontrollierbare Werte annehmen, auch müßte man sonst wegen der stark zunehmenden Extinktion noch engere Paare vergleichen. Das ist aber bei hellen Sternen meist nicht möglich. Selbstverständlich sollen auch die Spektraltypen größere Werte, erfahrungsgemäß eine Spektralklasse, nicht überschreiten.

VI. Diskussion der Programmsterne

1. Bemerkungen zum Katalog

Der folgende Katalog II soll eine Übersicht geben über die Variabilität oder Konstanz der Helligkeit der Programmsterne. Es sind deshalb meine Messungen und die Messungen anderer angegeben. Jeder Programmstern wird durch seine laufende Nummer (Katalog I) und die Sternbezeichnung sowie hinter den Buchstaben GG und Zi mit den Nummern aus den Katalogen von GÜSSOW und GUTHNICK [1] und ZINNER [2], soweit sie in diesen erwähnt werden, aufgeführt. Ferner ist noch die KVS-Nummer aus dem Katalog der Verdächtigen Sterne von KUKARKIN u. a. [101] angegeben, falls ein Stern dort geführt wird. Dann folgt eine kurze Bemerkung über den Lichtwechsel, wobei in einigen Fällen der Versuch gemacht wurde, den Lichtwechsel phänomenologisch einzuordnen. Dies ist selbstverständlich wegen der kleinen Amplituden und der geringen Kenntnis anderer Parameter sehr schwierig, so daß meistens nur Grenzfälle von schon bekannten Veränderlichensequenzen angegeben werden können. Bei den veränderlichen Hauptreihensternen ist, um auf eine Entwicklungstendenz aufmerksam zu machen, die Lage dieser Sterne zur Hauptreihe angeführt. In diesem Zusammenhang sei an Fehlermöglichkeiten durch mangelhafte Parallaxen erinnert. Die Fehler durch ungenaue scheinbare Helligkeiten m_v werden wahrscheinlich schon deshalb unbedeutend sein, weil meistens lichtelektrisch neu bestimmte Werte benutzt wurden. Eine Bedeutung hat ferner noch die Lage der Hauptreihe (Leuchtkraftklasse V) im H-R-Diagramm. Benutzt wurde die Kalibrierung nach MORGAN und KEENAN [12] sowie die Neukalibrierung nach JOHNSON und HILTNER [13], ab A0 auch die von PARENAGO [53]. Hierzu ist zu bemerken, daß sich die Kalibrierung nach MORGAN und KEENAN auf eine Anzahl von Sternen stützt, die — obwohl Hauptreihensterne — verschieden weit entwickelt sind, während die Neukalibrierung von JOHNSON und HILTNER an Sternen sehr junger Aggregate (*h* und χ Persei, NGC 2362, Orion-Assoziation) ermittelt worden ist. Die Werte von PARENAGO entsprechen etwa denen von MORGAN und KEENAN.

Steht unter einem Stern nur „n. v." (nicht variabel), dann ist mir dieser weder durch Literaturangaben, noch durch meine Arbeit als veränderlich bekannt geworden. Was meine Messungen anbetrifft, so kann man als untere Nachweisgrenze für Helligkeitsschwankungen etwa $0\overset{m}{.}03$ annehmen, obwohl es auch einige Sätze gibt, z. B. der 1. und 7. Satz, wo diese Grenze bei $0\overset{m}{.}05$ liegt.

Da es nicht im Rahmen der Arbeit lag, genaue Elemente des Lichtwechsels abzuleiten, sind zur genauen Bestimmung der Perioden meist nicht genügend Messungen vorhanden. Manchmal konnte auch nicht geklärt werden, ob überhaupt eine Periodizität vorliegt. Deshalb ist der Begriff „Periode" des öfteren durch „Periodizität", „Dauer des Lichtwechsels" o. ä. ersetzt worden. Aus gleichem Grunde ist auch nicht jedem Veränderlichen eine Abbildung beigefügt. In den Abbildungen ist der mittlere Fehler einer Helligkeitsbestimmung durch eine Maßstrecke in Einheiten der Ordinate dargestellt. Wie bereits unter V, 2, sind auch hier die aus den Satzmessungen durch Anschluß an konstante Programmsterne abgeleiteten Nachtwerte als „provisorische Nachtwerte" bezeichnet.

Literaturangaben sind im allgemeinen nur dann gegeben, wenn sie zur Erläuterung des Lichtwechsels notwendig und nicht in den Katalogen von GÜSSOW und GUTH-

NICK [1] und ZINNER [2] enthalten sind. Auf andere Zustandsänderungen oder Besonderheiten wird nur soweit wie unbedingt notwendig eingegangen. Weitere Hinweise enthält auch noch der Abschnitt VII. Bei Emissionsliniensternen sei noch auf den vorzüglichen Katalog von BIDELMAN [102] hingewiesen. Bei Bemerkungen über die absolute Helligkeit M_v aus trigonometrischer Parallaxe π und scheinbarer Helligkeit m_v ist nur π angegeben, da m_v aus Katalog I entnommen werden kann.

Einige Abkürzungen wurden oft gebraucht:

P	= Periode,
A	= Amplitude,
Sp	= Spektrum,
Vglst.	= Vergleichstern,
LC	= Leuchtkraftklasse,
trig. Par.	= trigonometrische Parallaxe,
RV	= Radialgeschwindigkeit,
K	= halbe Amplitude der Radialgeschwindigkeit.

2. Katalog II

1. ζ **Aur** **GG** 114

Bedeckungsveränderlicher (EA), $P = 972^{\mathrm{d}}.176$.

Außerhalb der Bedeckungen schwankt die mittlere Helligkeit des K-Sterns über größere Zeiträume um wenige Hundertstel Größenklassen, so erfolgte z. B. nach LARSSON-LEANDER [40] von 1955/56 bis 1958 eine Helligkeitsabnahme von $0^{\mathrm{m}}.02$. ROACH und WOOD [41] geben zwischen den Bedeckungen von 1939/40 bis 1947/48 eine Abnahme des Radius von 1% an. Auch kommen nach LARSSON-LEANDER [40] und WOOD und BLITZSTEIN [42] kurze Helligkeitsschwankungen mit einer Frequenz bis zu 20^{d} und Amplituden bis zu $0^{\mathrm{m}}.05$ vor. MCKELLAR und PETRIE [43] vermuten auf Grund der irregulären Veränderungen der chromosphärischen Linien und deren komplexer Struktur einen protuberanzenähnlichen Kalzium„wind", der sich bis zu $80 \cdot 10^6$ km über die Photosphäre erhebt, während WILSON und ABT [44] annehmen, daß die Materie in der Chromosphäre des K-Sterns nicht gleichförmig, sondern als Kondensationen hoher Dichte mit nur einigen 10^3 km Durchmesser verteilt ist.

Bei meinen Messungen wird ζ Aur außerhalb der Bedeckungen nicht als veränderlich erkannt, da die Fehlergrenze s_v des 1. Satzes größer als $0^{\mathrm{m}}.05$ ($\approx$ A) ist und Schwankungen von dieser Amplitude auch nur zeitweise auftreten.

ζ Aur gehört zu den Überriesen und hellen Riesen mit großen Massen ($M_\zeta \approx 20\ M_\odot$) und ausgedehnten Atmosphären. Wahrscheinlich befinden sich diese Sterne in der Nähe der Stabilitätsgrenze, denn zu den Überriesen gehören die meisten physischen Veränderlichen. Nach ABT [45] werden auch die kleinen Zustandsänderungen der Überriesen durch echte Pulsationen ausgelöst. Außerdem kommen, vor allem bei den späten Spektraltypen, atmosphärische Bewegungen und Kondensationen vor, wodurch die kleinen Helligkeitsänderungen irregulären Charakter annehmen.

2. η **Aur** **GG** 115 **Zi** 340 **KVS** 100 441

Bei Messungen von GUTHNICK und PAVEL [47] 1921 zeigten sich zeitweise Helligkeitsschwankungen von $0^{\mathrm{m}}.03$ bis $0^{\mathrm{m}}.04$, ohne daß eine Periode abzuleiten war. Nach

Henroteau [1] soll η Aur schnelle Schwankungen der RV zeigen, weshalb er β-Cep-Typ vermutet. Widorn [46] hat über drei Jahre, von 1956 bis 1958, beobachtet und gibt Helligkeitsänderungen von mehreren Zehntel Größenklassen an! Dieses Ergebnis ist mir ganz unverständlich. Ich habe η Aur von 1954 bis Febr. 1956 im 1. Satz beobachtet. Dort hat er nach ϑ Aur die geringste Streuung und fand deshalb zur Bildung von s_c Verwendung! Auch während einer fünfstündigen Meßreihe 1957, Jan. 29./30., zeigte η Aur keine merkliche Veränderung der Gesamthelligkeit. Da die Satzmessungen eine Helligkeitsvarianz bis zu etwa $0^m\!.05$ zulassen, könnte er höchstens innerhalb dieser Varianz veränderlich sein, aber niemals über Zehntel Größenklassen.

η Aur muß zur Aufklärung dieser Diskrepanz zur weiteren Beobachtung empfohlen werden!

3. α **Aur** **GG** 120 **Zi** 360 **KVS** 100460

Meine Messungen von 1954 bis 1959 ergeben $P = 366^d$ und $A = 0^m\!.15$ (Abb. 9). Vergleichsterne waren HR 1668 (F5) und ϑ Aur (Aosp). Auch die gemittelten Messungen von Guthnick und Prager [37] aus dem Jahre 1915 ordnen sich gut in

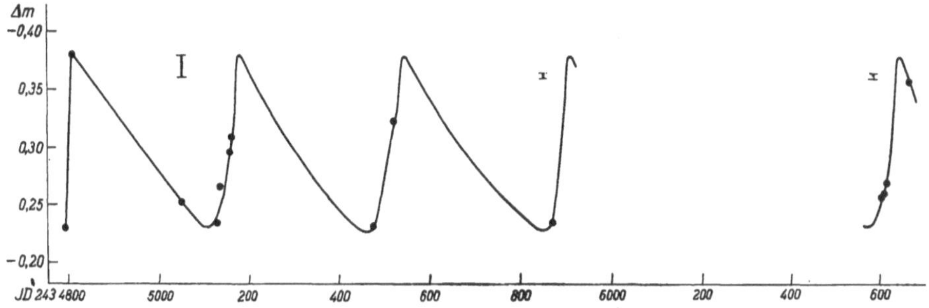

Abb. 9. α Aur

diese Periode ein (Abb. 10), ebenso ihre Bemerkung, daß α Aur im Frühjahr 1914 eine Zunahme der Helligkeit um $0^m\!.15$ zeigte [36] und daß, nachdem Ende Sept. 1921 eine minimale Helligkeit durchlaufen wurde, im Okt. 1921 eine ständige Helligkeitszunahme erfolgte [47]. Die selenphotometrischen Beobachtungen von Stebbins [48] im März 1912, die sich leider kaum an meine Messungen anschließen lassen, zeigen zumindest eine maximale Helligkeit an und liegen zeitlich auch kurz nach einem extrapolierten Maximum. Wahrscheinlich nur zufällig fällt auf das extrapolierte Maximum 1838, Dez. 11., eine visuelle Beobachtung von J. F. W. Herschel [49] über eine Helligkeitssteigerung.

Leider läßt sich nicht ganz ausschließen, daß $P = 366^d$ eine Scheinperiode darstellt, wird doch die Anordnung der Meßpunkte vor allem durch die günstigsten Beobachtungsbedingungen bestimmt, die dann gegeben sind, wenn $z =$ Min. ist. Mit $P/2$ oder $P/4$ lassen sich die Messungen ebenso gut darstellen. Auch würde dann die Perioden-Radien-Beziehung besser erfüllt werden (Abschnitt VII, 3). Eine Zuordnung meiner Messungen zur 104tägigen spektroskopischen Periode läßt sich, wie bei Guthnick und Prager, nicht finden, ebenso nicht Helligkeitsschwankungen von nur 1,7 bis 3,9 Stunden Dauer mit einer Amplitude bis zu $0^m\!.1$, die von Guthnick und Prager beobachtet wurden [37]. Dafür deuten einige meiner Messungen (sieben Nachtwerte in 10 Tagen und drei sechsstündige Meßreihen) noch eine zweite Periode von drei oder sechs Tagen an mit A = $0^{m}.04$.

Da der Lichtwechsel der einen Komponente stets zusammen mit der Helligkeit der anderen Komponente gemessen wird, müssen die Amplituden noch korrigiert

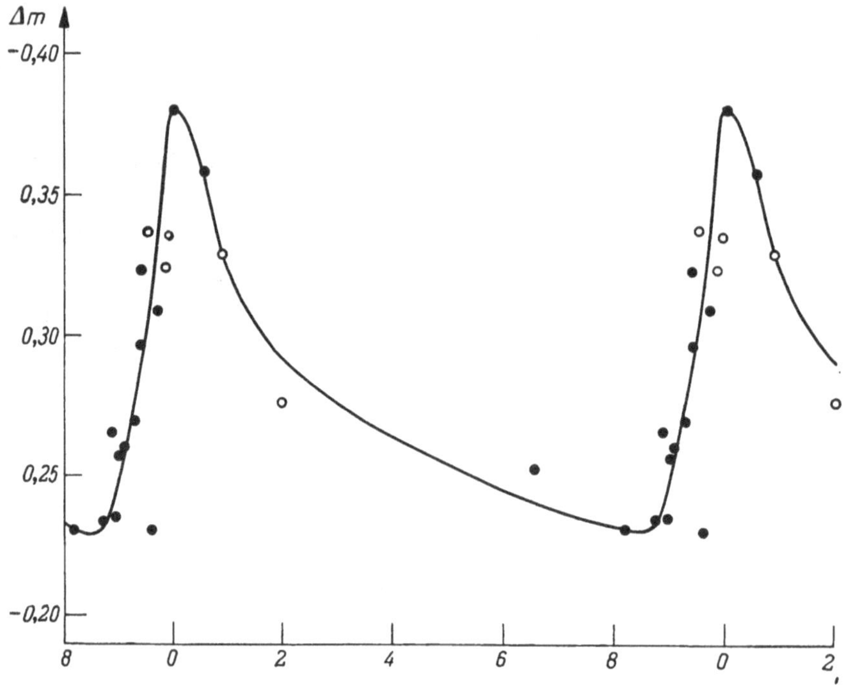

Abb. 10. α Aur ● eigene Messungen ○ Messungen 1915

werden. Hier vereinfacht sich das, da nach WRIGHT [54] beide Komponenten etwa gleich hell sind und es vorerst unwichtig ist, zu welcher der Lichtwechsel gehört.

Die provisorischen Elemente des Lichtwechsels sind dann folgende:

$$\text{Max.} = \text{J.D.}\ 2434810.0 + 366^{d}.0 \cdot n \cdot E \qquad \text{mit} \quad n = 1,\ 0.5,\ 0.25$$

$$P_1 = 366^{d}.0 \cdot n$$

$$A_1 \approx 0^{m}.30$$

$$P_2 \approx 3^{d} - 6^{d}$$

$$A_2 \approx 0^{m}.09\ .$$

Weitere Beobachtungen könnten hier schnell zu genauen Elementen führen. Zu welcher der beiden Komponenten der große Lichtwechsel gehört, kann aber nur durch Spektrogramme geklärt werden, obwohl auch das seine vielleicht sogar unüberwindlichen Schwierigkeiten hat, infolge der Überlagerung der beiden Spektren und ihrer Verschiebung durch die Bahnbewegung.

Phänomenologisch läßt sich α Aur nicht in die bekannten Veränderlichensequenzen einordnen. Er könnte aber gegebenenfalls ein Grenzfall der S-Vulpeculae- oder auch RV-Tauri (?)-Variablen darstellen.

4. 7 **Cam**

n. v.

5. β **Cam**

n. v.

6. α **Cam**

n. v.

7. ν **Aur**

n. v.

8. ϑ **Aur** **GG** 152 **Zi** 496 **KVS** 100 704

Die Behauptung von Lau [50], daß nach visuellen Stufenschätzungen Bedeckungslichtwechsel mit $A = 0^m\!.5$ vorliegt, kann Stebbins [51] durch lichtelektrische Messungen in 26 Nächten (1920 bis 1921) nicht bestätigen.

Bei meinen Messungen hat ϑ Aur die geringste Streuung des 1. Satzes und wurde in vielen Nächten als Vergleichstern und Anschlußstern benutzt. Seine Helligkeit war immer innerhalb $0^m\!.01$ konstant!

9. δ **Aur**

n. v.

10. 2 **Lyn** **GG** 160

n. v.

11. ϑ **Gem** **GG** 182

n. v.

12. τ **Gem**

In meinen Beobachtungsreihen von α Gem habe ich τ Gem wegen seines Riesencharakters mitgemessen und im März 1956 in fünf Nächten mit ϱ Gem verglichen. Dabei zeigte τ Gem in vier Nächten Helligkeitsänderungen mit einer Amplitude von $0^m\!.04$ bis $0^m\!.07$, die sich durch eine mittlere Periode von $0^d\!.2 \pm 0^d\!.1$ darstellen lassen, falls der Lichtwechsel überhaupt periodisch ist (Abb. 11).

Es ist sicher anzunehmen, daß es sich hier nicht um Pulsationen handelt, sondern wahrscheinlich um Fluktuationen der Sternatmosphäre, wie sie auch teilweise bei ζ Aur beschrieben wurden. Seine Stellung in den Beziehungen des Abschnittes VII, 3, 5, (besonders Perioden-Radien-Beziehung der Kurzperiodischen) bestätigen das.

13. ϱ **Gem** **GG** 194

Von Guthnick und Prager [37] und mir (zum Teil unter Kontrolle durch ϑ Gem) des öfteren als Vergleichstern für α Gem benutzt. Der Stern ist völlig konstant!

14. α **Gem** **GG** 195

Beobachtet wird stets $(\alpha^1 + \alpha^2)$ Gem.

J. Schmidt [52] schließt ihn mit freiem Auge (Stufenschätzung) an β Gem an und vermutet eine Veränderlichkeit von 5 bis 6 Stufen in den Jahren 1844 bis 1864.

Selenphotometrische Messungen von Stebbins [48] ergeben keine merklichen Veränderungen gegen β Gem.

Guthnick und Prager [1, 36, 37] finden 1914 eine verwickelte Lichtkurve, die sich durch die 2.9tägige spektroskopische Periode des Systems α^1 Gem darstellen läßt. A = 0^m09, Vglst.: β Gem. Da stets die hellere Komponente α^2 Gem mitgemessen werden muß, beträgt die wirkliche Helligkeitsänderung von α^1 Gem: A = 0^m28. Dagegen fanden sie 1915, 1916 und 1917 α Gem unveränderlich gegen ϱ Gem als Vglst.

Bei meinen Testmessungen liegen die Werte für α Gem innerhalb der für den 1. Satz zulässigen Streuung. Auch Beobachtungsreihen in fünf Nächten im März 1956 und einer Nacht im Febr. 1957, wo er an ϱ Gem und ϑ Gem angeschlossen

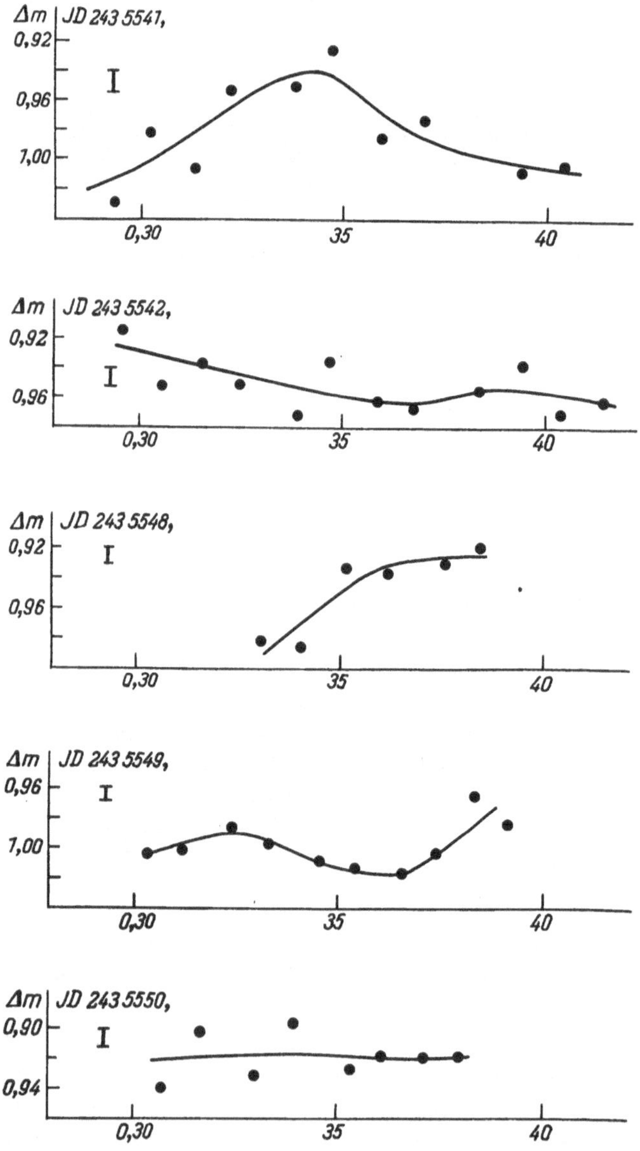

Abb. 11. τ Gem

wurde, lassen keinen Lichtwechsel erkennen. Ich möchte daher annehmen, daß α Gem völlig konstant ist und der Lichtwechsel des Jahres 1914 auf Extinktionseinflüsse zurückzuführen ist, da der Vglst. β Gem mehr als $4^\circ\!.2$ entfernt steht und dazu noch das von α Gem sehr verschiedene Spektrum Ko hat.

Auch langsame Änderungen, wie sie SCHMIDT beobachtete, konnten von mir in den Jahren 1954 bis 1957 durch 13 Nachtwerte nicht nachgewiesen werden.

15. 21 **Lyn** GG 190

1919 und 1926 als Vglst. benutzt und keine Veränderungen festgestellt, die größer als $0^m\!.03$ bzw. $0^m\!.07$ sind [1]. Nach [1] Schwankung der RV 15 km/sec.

Bei meinen Testmessungen im 2. Satz wurde 21 Lyn als veränderlich erkannt. Nach 10 Nachtwerten von Dez. 1958 bis Apr. 1959 zu urteilen, scheint eine langsame Helligkeitsschwankung vorzuliegen, die größer als 100^d ist mit A = $0^m\!.03$. Außerdem zeigt sich bei Meßreihen über drei Nächte eine schnelle Schwankung mit einer mittleren $P = 0^d\!.063$ und A = $0^m\!.01$ bis $0^m\!.025$. Die P kann aber stark von diesem Mittelwert abweichen. Die Schwankung ist in allen drei Nächten deutlich ausgeprägt und, da die Meßpunkte Sechsermittel mit dem geringen mittleren Fehler $s \leqq \pm 0^m\!.003$ sind, sicher reell (Abb. 12). Leider ist es bei 21 Lyn Ansichtssache, was unter P verstanden wird. Fast ebenso gut würde $P = 0^d\!.15$ gelten können. Ich habe jede Erhebung in Abb. 11 als selbständiges Maximum angesehen und daraus die mittlere P abgeleitet. Die Einordnung unter die Kurzperiodischen (Abschn. VII, 5) wird durch keine der beiden Perioden wesentlich verändert bzw. verbessert.

21 Lyn ist auf Grund seines Spektrums und seiner absoluten Helligkeit ein Hauptreihenstern, der unmittelbar im Bereich der jetzigen Hauptreihe liegt und zu der unter VII, 5, erläuterten hypothetischen τ-Cyg-Sequenz kurzperiodischer Veränderlicher mit Hauptreihen- und Unterriesencharakter zählt. Die Einordnung unter die Kurzperiodischen ist zwar etwas willkürlich, weil ja noch eine langdauernde Helligkeitsschwankung vorhanden ist. Jedoch ist über diese so wenig bekannt, daß sie vorläufig nicht in eine Diskussion einbezogen werden kann.

Vergleichsterne waren bei allen Messungen 22 Lyn (F5) und 10 UMa (F5 V).

16. 31 **Lyn**

Die Testmessungen des 2. Satzes weisen auf Veränderlichkeit hin. Sieben Nachtwerte des Jahres 1959 (Jan. bis März) lassen eine neuntägige Periodizität erkennen mit A = $0^m\!.06$. Dies wird durch 13 provisorische Nachtwerte der Jahre 1954 bis 1956 und 1960 bestätigt. Einige Nachtwerte deuten auf die Form einer Lichtkurve hin, wie sie etwa α Aur besitzt (Abb. 9, 10). Es ist anzunehmen, daß es sich auch bei diesem Riesenstern um schwache Pulsationen handelt.

Außerdem besteht eine schwache Fluktuation, ähnlich wie bei τ Gem, mit einer mittleren Periode $\bar{P} \approx 0^d\!.1$ und $\bar{A} \approx 0^m\!.03$.

Vergleichsterne waren HR 3287 (K5) und 10 UMa (F5 V).

17. o **UMa**

Er wurde im 2. Satz als veränderlich ausgesondert. 16 Nachtwerte von 1954 bis 1956 und 1957 lassen sich durch eine Periode von $P = 358^d$ gut darstellen. A = $0^m\!.08$. Der Stern scheint im Lichtwechsel α Aur sehr ähnlich zu sein. Auch bei o UMa (G5 II—III) gibt es schwache Fluktuationen von im Mittel $0^d\!.05$ und A = $0^m\!.02$.

Vergleichsterne waren HR 3245 (Go) und 23 UMa (Fo IV).

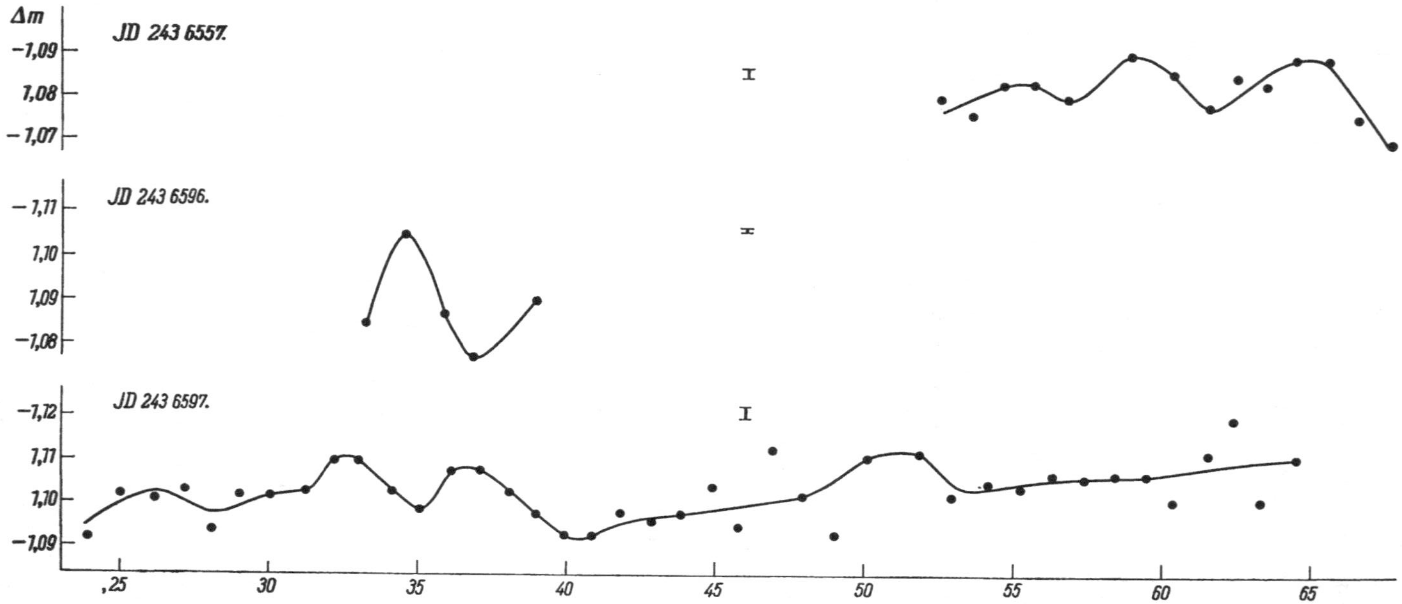
Δm
−1,09
1,08
−1,07
JD 243 6557.
−1,11
1,10
1,09
−1,08
JD 243 6596.
−1,12
1,11
1,10
−1,09
JD 243 6597.
,25
30
35
40
45
50
55
60
65

Abb. 12. 21 Lyn

18. *ϰ* **UMa**

Er wurde im 2. Satz als veränderlich ausgesondert. 14 Nachtwerte ergeben eine provisorische Periode von 62 Tagen. A = $0^m_.05$. Vglst. waren HR 3603 (F5) und 10 UMa (F5 V). Abb. 13 zeigt die Lage der Nachtwerte und die provisorisch eingetragene Lichtkurve. Da *ϰ* UMa ein visueller Doppelstern ist mit etwa gleich hellen Komponenten ($4^m_.3$ und $4^m_.5$ in d = $0''_.21$), beträgt die wirkliche Amplitude, die von einer der beiden Komponenten erzeugt wird, ungefähr $0^m_.15$. Auf Grund seiner trig. Par. $\pi = 0''_.014$ beträgt die absolute Helligkeit jeder Komponente etwa $M_v = 0.0$. Demnach liegt die veränderliche Komponente nach MK auf der Hauptreihe, nach der Neukalibrierung von Johnson und Hiltner [13] $1^m_.0$ darüber. Weitere Bemerkungen über Hauptreihensterne und ähnliche finden sich in Abschnitt VII, 4.

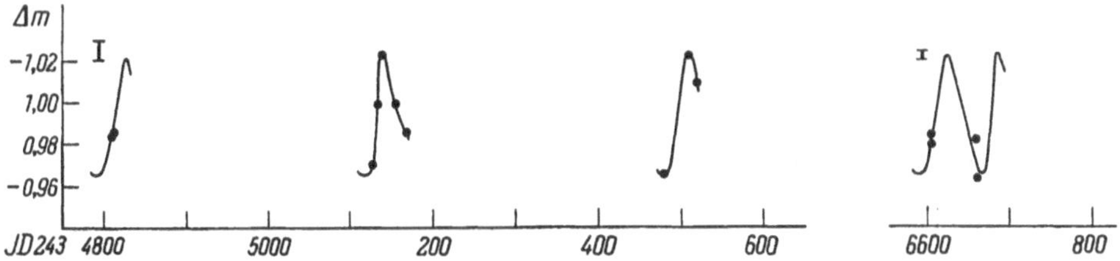

Abb. 13. *ϰ* UMa

19. *ι* **UMa** GG 204

Der bei meinen Messungen als veränderlich ausgesonderte Stern zeigt Helligkeitsänderungen ähnlich 21 Lyn mit einer mittleren Periode $\bar{P} = 0^d_.071 \pm 0^d_.02$ und $\bar{A} = 0^m_.025$. Die *P* wurde aus Messungen, die sich über zwei Nächte erstreckten, abgeleitet.

Vergleichsterne waren HR 3603 (F5) und 10 UMa (F5 V).

ι UMa hat das MK-Spektrum A7 V. Seine absolute Helligkeit ist nach Eggen [9] $M_v = 2.1$ und über die trig. Par. $\pi = 0''_.066$ in guter Übereinstimmung $M_v = 2.2$. Damit liegt er nach MK [12] $0^m_.4$ über der Hauptreihe, deren Streuung etwa $\pm 0^m_.3$ beträgt. Seine Lage oberhalb der Hauptreihe kann nicht ganz als gesichert gelten, zumal auch Parenago [53] die Lage der Hauptreihe bei A7 mit $M_v = 2.4 \pm 0.25$ angibt. Die Abweichung verschwindet ebenfalls, wenn der Mt.-Wilson-Spektraltyp A4n benutzt wird.

ι UMa gehört zu den kurzperiodischen A-Sternen, die in Abschnitt VII, 5, noch besonders diskutiert werden.

20. 10 **UMa**

n. v.

21. 38 **Lyn**

n. v.

22. 40 **Lyn** **Zi** 746 **KVS** 101 039

Nach Pannekoek [2] P = 26^d.

Auf Grund meiner Messungen von 1954 bis 1956 möchte ich den Stern für völlig konstant halten.

23. 23 **UMa** **Zi** 755 **KVS** 101 051

LAU [50] vermutet nach Stufenschätzungen einen kurzperiodischen Lichtwechsel von $0^m.5$, den meine Messungen nicht bestätigen.

24. v **UMa** **GG** 220

n. v.

25. ϑ **UMa** **GG** 215

n. v.

26. λ **UMa** **GG** 227

n. v.

27. μ **UMa** **Zi** 815 **KVS** 101 121

LAU [50] vermutet nach Stufenschätzungen einen Lichtwechsel von $0^m.4$, den ich nicht bestätigen kann.

28. 21 **LMi**

Er wurde bei meinen Messungen als veränderlich erkannt. 18 Nachtwerte ließen auf kurzperiodischen Lichtwechsel schließen. Messungen über fünf Nächte im März 1956 und über eine Nacht im Febr. 1959 konnten das bestätigen. $P \approx 0^d.1$, $A = 0^m.05 \pm 0^m.02$. Vglst.: HR 3979 (F5) und 31 LMi (gG8). Sein Spektrum ist A7 V (MK) oder A5n (Mt. W.). Nach der trig. Par. $\pi = 0''.027$ ergibt sich $M_v = +1.6$. Nach seiner Leuchtkraft ist er bereits ein Unterriese und liegt sicher — je nach Spektraltyp — $0^m.6$ bis $1^m.0$ über der Hauptreihe.

29. 31 β **LMi**

n. v.

30. λ **Dra** **Zi** 888 **KVS** 101 207

Bei den Messungen des 3. Satzes wird er als veränderlich ausgesondert. Die Nachtwerte ergeben $P \approx 1100^d$, $A = 0^m.09$ (Abb. 14). Als Riesenstern (LC III) könnte er ein Grenzfall (kleine Amplitude) der Langperiodischen vom Typ Z Aqr sein.

Wie Messungen über zwei Nächte zeigen, treten kurzzeitige Fluktuationen nicht auf.

Vglst.: 2 Dra (K0), 3 Dra (K0) und δ UMa (A3 V).

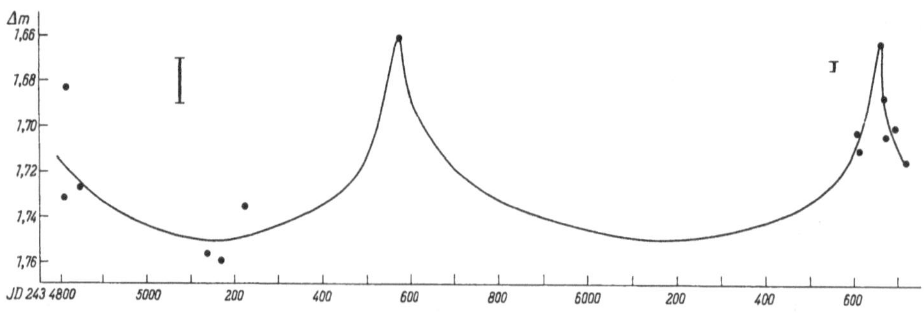

Abb. 14. λ Dra

31. α UMa GG 245 Zi 866 KVS 101 174

Nach GUTHNICK und PRAGER [37] 1917 bis 1918: $P = 6^d$, $A = 0^m035$. Bei meinen Messungen wird er im 3. Satz als veränderlich ausgesondert. Die sechstägige Periode kann von mir mangels geeigneter Messungen nicht bestätigt werden, jedoch deuten aufeinanderfolgende Nachtwerte auf eine Variation von mehreren Tagen hin. Wie Abb. 15 zeigt, dürfte die eigentliche Variation in einem Lichtwechsel von 1600 Tagen liegen mit $A = 0^m06$. Messungen über zwei Nächte zeigen keine kurzzeitigen Fluktuationen.

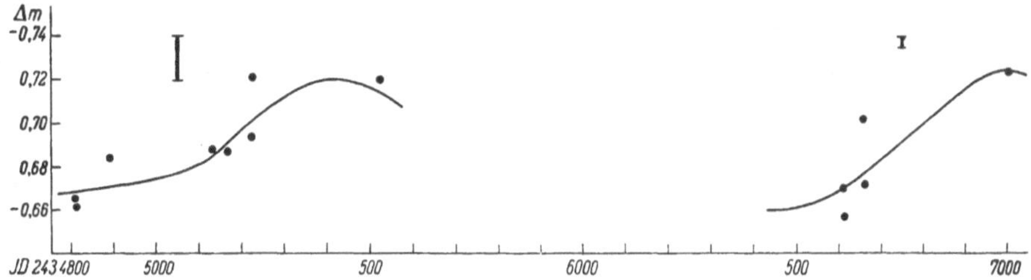

Abb. 15. α UMa

Vglst.: 42 UMa (Ko), HR 4421 (Fo) und δ UMa (A3 V).

Als Riesenstern (LC III) könnte α UMa ein Grenzfall (kleine Amplitude, Spektrum K1) langperiodischer Veränderlicher sein.

32. β UMa GG 244 Zi 863 KVS 101 172

Nach GUTHNICK und PRAGER [37] veränderlich um 0^m02. Die Minima lassen sich durch $P = 0^d31234$ darstellen. Beide vermuten komplizierten Bedeckungslichtwechsel.

Bei meinen Messungen des 3. Satzes tritt er infolge der sehr kleinen A nicht als veränderlich in Erscheinung.

HENROTEAU [1] nimmt auf Grund spektroskopischer Untersuchungen β-Cep-Lichtwechsel an. Auch GAPOSCHKIN [55] ordnet ihn in die β-Cep-Gruppe ein, wohin er aber nach der heutigen Definition dieser Gruppe nicht mehr gehört.

Nach Sp, LC und M_v gehört er zu den kurzperiodischen A-Sternen. Aus seiner trig. Par. $\pi = 0''043$ ergibt sich $M_v = 0.5$. Danach liegt er nach MK-Kalibrierung [12] auf der Hauptreihe, nach JOHNSON und HILTNER [13] und PARENAGO [53] 1^m3 bzw. 0^m6 oberhalb. Seine P paßt sich nicht in das Diagramm der isoperiodischen Linien ein (Abschnitt VII, 5). Ich habe ihn — ganz provisorisch — in die hypothetische Maia-Sequenz eingeordnet.

33. ψ UMa

n. v.

34. 46 LMi

Er wurde im 3. Satz als veränderlich ausgesondert. 15 Nachtwerte können durch eine P von etwa 60 Tagen dargestellt werden, $A = 0^m04$. Messungen über zwei Nächte zeigen keine schnellen Helligkeitsänderungen. Vglst.: HR 4256 (Ko), 46 UMa (Ko) und ξ UMa (Go V). Nach seinem Spektrum Ko III—IV könnte er ein Grenzfall (wegen der kleinen Amplitude) der SRd-Veränderlichen vom Typ S Vulpeculae sein.

35. ν **UMa**

n. v.

36. ξ **UMa**

Von der F-Verteilung wurde er nicht als veränderlich ausgesondert. Die Helligkeitsdifferenzen zur Normalnacht ließen aber einen gewissen Verdacht auf Veränderlichkeit zu. Ich habe ihn deshalb in fünf Nächten an ν UMa angeschlossen, wovon er in vier Nächten Helligkeitsschwankungen von etwa $0^{m}_{.}03$ zeigte. Eine Periode ließ sich nicht finden.

ξ UMa ist ein Doppelstern. Jede Komponente hat das Spektrum G0 V und ist für sich noch spektroskopisch doppelt. Das System B—b hat eine Umlaufzeit von $3^{d}_{.}9805$. Eine Zuordnung der Helligkeitsschwankungen zu B—b ist aber nicht möglich. Vielleicht handelt es sich um geringe Instabilität, ähnlich UX Monocerotis u. a., wie sie von Wood in [89] zusammenfassend beschrieben wurde. Dann wäre wahrscheinlich das System A—a variabel, da dieses auch scharfe Emissionen in den H- und K-Linien zeigt [99].

37. χ **UMa**

n. v.

38. γ **UMa** **GG** 255 **Zi** 904 **KVS** 101 229

Die Bemerkungen in [1] und [37] geben keine Veranlassung, den Stern als veränderlich anzusehen. Nach Jaschek [56] zeigt er zeitweise Ca-II-Emissionen (K-Linien) und variable H_α- und H_β-Emission.

39. δ **UMa** **GG** 257 **Zi** 919 **KVS** 101 249

n. v.

40. ε **UMa** **GG** 267 **Zi** 972

Er gehört zur Gruppe der α^2-Canum-Venaticorum-Veränderlichen [15] und wurde nur wegen seines geringen Lichtwechsels in das Programm aufgenommen. $P = 5^{d}_{.}0887$, $A = 0^{m}_{.}03$.

Leider war aber seine Amplitude noch zu klein, um sich oberhalb der Fehlergrenze s_v bemerkbar zu machen.

41. ζ **UMa** **GG** 272 **Zi** 1000 **KVS** 101 381/2

Gemessen wurde immer $\zeta^1 + \zeta^2$.

Die Behauptung von Guthnick und Prager [37], daß er zeitweise, und wahrscheinlich in Abhängigkeit vom spektroskopischen System, veränderlich ist mit einer Amplitude bis zu $0^{m}_{.}06$, ist sicher nicht richtig. Solche Helligkeitsschwankungen wären bei meinen Messungen wahrscheinlich nachweisbar gewesen. Auch Stebbins [1, 2, 51] findet keinen Lichtwechsel, der größer ist als $0^{m}_{.}03$. Ich möchte ζ UMa deshalb für konstant halten.

42. 80 g **UMa** **GG** 274 **Zi** 1001 **KVS** 101 383

Spektroskopische Periode nach Frost und Monk [1, 2] $= 0^{d}_{.}155$. Nach Guthnick und Prager [1, 2, 36, 37] nur zeitweise Lichtwechsel mit $A = 0^{m}_{.}03$, der sich nicht sicher der spektroskopischen Periode zuordnen läßt.

Der Stern hat nach MK-Kalibrierung: Sp = A5 V, $M_v = 2.2$. M_v aus trig. Par. $\pi = 0''.038$ ist $= +1.9$. Er liegt damit bei A5 auf der Hauptreihe [12, 13, 53], während das Mt.-Wilson-Spektrum A1n etwas zu früh erscheint, da er dann $1^{m}_{.}5$

unter der Hauptreihe liegen würde. Ich habe 80 UMa provisorisch der hypothetischen τ-Cygni-Sequenz zugeordnet (Abschnitt VII, 5).

43. 8 β **CVn**

Er wurde im 3. Satz von der F-Verteilung als veränderlich ausgesondert.

13 Nachtwerte 1954 bis 1956, 1959 und 1960 ergeben eine 14tägige Periode. Ebensogut gelingt aber auch die Darstellung einer 37tägigen Periode. Daß ich mich mehr für die erstere entschlossen habe, liegt nur daran, daß sich mit ihr 8 β CVn besser in die Perioden-Radien-Beziehung der Hauptreihensterne einfügt (Abschnitt VII, 4). $P = 14^{d}$ erscheint mir deshalb wahrscheinlicher. Die Amplitude beträgt etwa $0^{m}_{.}05$. Vglst.: 6 CVn (G8 III—IV), 4 CVn (gFon) und δ UMa (A3 V). 8 β CVn ist in Spektrum und Leuchtkraft ein typischer Hauptreihenstern. Wegen seiner Sonnenähnlichkeit einerseits und seinem geringen Lichtwechsel andererseits sollten weitere Beobachtungen von Interesse sein.

44. η **UMa** **GG** 277 **Zi** 1023 **KVS** 101 406

Er wurde im 4. Satz als veränderlich ausgesondert.

Nach lichtelektrischen Messungen von Guthnick und Prager [37] schwach veränderlich bis zu $0^{m}_{.}06$. Auch visuelle Beobachtungen von C. Hoffmeister ergeben schwachen Lichtwechsel bis zu $0^{m}_{.}3$. Nach 13 eigenen Nachtwerten (Abb. 16) erscheint mir eine Periodizität von $60^{d}_{.}5$ als wahrscheinlich. A $\approx 0^{m}_{.}08$.

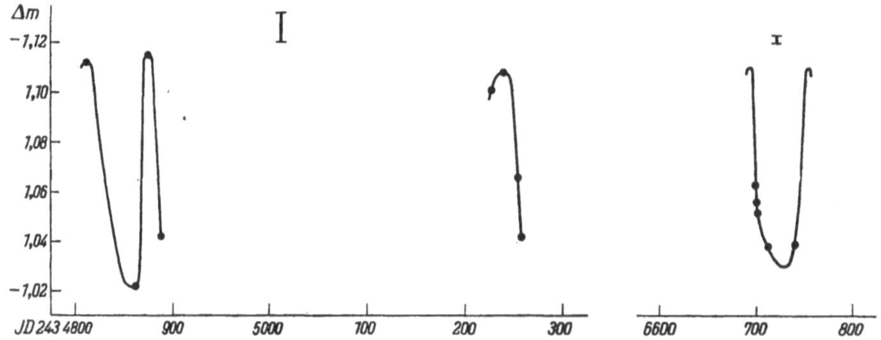

Abb. 16. η UMa

Vglst.: HR 5169 (A0), 24 CVn (A3n) und ϑ Boo (F7 V).

η UMa gehört zur Gruppe der „langperiodischen" Hauptreihensterne (VII, 4). Auf Grund seiner absoluten Helligkeit liegt er nach Johnson und Hiltner [13] unmittelbar auf der Hauptreihe.

45. α **Dra** **GG** 281 **Zi** 1048 **KVS** 101 425

Er wurde im 4. Satz als veränderlich ausgesondert.

Algolartige Minima von 50^{d} Dauer [1, 2, 37] konnten von mir nicht gefunden werden. Der Stern hat aber über 61 Tage einen Lichtwechsel von $0^{m}_{.}06$. Eine Korrelation meiner Beobachtungen mit der spektroskopischen Periode von 51^{d} ließ sich nicht finden.

Vglst.: HR 5162 (A0), HR 5436 (F5) und ϑ Boo (F7 V).

α Dra ist Riesenstern (LC III). Eine Einordnung in bestehende Veränderlichensequenzen ist nicht möglich.

46. $\varkappa$ **Boo** **GG** 284 **Zi** 1052 **KVS** 101 432

Gemessen wurde stets ($\varkappa^1 + \varkappa^2$) Bootis.

Der Stern war im 4. Satz als veränderlich ausgesondert worden.

Bereits GUTHNICK und PRAGER [1, 37] hatten 1917 Verdacht auf geringe Veränderlichkeit der helleren Komponente ($\varkappa^2$).

Bei meinen Messungen über sieben Nächte zeigt er einen Lichtwechsel bis zu $0^{\mathrm{m}}.06$. Die Wellen dieses fast unregelmäßigen Lichtwechsels ergaben eine mittlere Periode $\overline{P} \approx 0^{\mathrm{d}}.07$.

Vglst.: ι Boo (A5n) und ϑ Boo (F7 V).

$\varkappa^2$ Boo ist Unterriese, hat aber die für seinen Spektraltyp (A7) sehr große absolute Helligkeit $M_v = +0.7$. Er wäre unter die in VII, 5, behandelten kurzperiodischen A-Sterne einzuordnen.

47. ϑ **Boo** **GG** 288 **Zi** 1068 **KVS** 101 448

Einige Autoren [1, 2, 37] geben Verdacht auf schwache Veränderlichkeit an.

Seine Helligkeitsmessungen im 4. Satz ergeben den kleinen mittleren Fehler von $\pm 0^{\mathrm{m}}.0196$, der zur Berechnung von s_c bzw. s_v Benutzung fand.

Ich möchte den Stern für völlig konstant halten. Auch sein Spektrum (F7 V) läßt diesen Schluß zu, ebenso die Messungen, bei denen er als Vergleichstern benutzt wurde.

48. λ **Boo** **GG** 287 **Zi** 1055 **KVS** 101 435

GUTHNICK und PRAGER haben Verdacht auf geringe Veränderlichkeit [1, 36, 37].

Seine Helligkeitsmessungen im 4. Satz ergeben den kleinen Fehler von $\pm 0^{\mathrm{m}}.0168$, der zur Berechnung von s_c bzw. s_v Benutzung fand.

Trotz seines Ap-Spektrums möchte ich ihn für völlig konstant halten.

49. γ **Boo** **GG** 290 **Zi** 1074

Dieser bekannte kurzperiodische Veränderliche ($P = 0^{\mathrm{d}}.290309$) wurde wegen seiner kleinen Amplitude ($0^{\mathrm{m}}.00 < A \leqq 0^{\mathrm{m}}.05$) gemessen, die sogar über einige Jahre verschwindend klein sein kann. Wahrscheinlich traf dies auch für die Jahre 1954 bis 1956 zu, da der mittlere Fehler seiner Helligkeitsmessungen verhältnismäßig klein war und γ Boo deshalb im 4. Satz nicht als veränderlich erkannt wurde.

γ Boo ist Riesenstern (LC III) und gehört zu den kurzperiodischen A-Sternen, die sich wahrscheinlich schon in einem fortgeschrittenen Entwicklungszustand oberhalb der Hauptreihe befinden, da die Periode bereits 0.3 Tage beträgt.

Weitere Hinweise siehe unter VII, 5.

50. ϱ **Boo**

Bisher war nichts über Veränderlichkeit bekannt.

Im 4. Satz ist aber sein $s_i > s_v$. Neun provisorische Nachtwerte (Abb. 17) stellen einen Lichtwechsel über 38 Tage dar. Die Amplitude beträgt mindestens $0^{\mathrm{m}}.07$. Vglst. war δ Boo (G8 III). ϱ Boo ist ein Stern der LC III. Er gehört zu den K-Sternen, die in der Perioden-Radien-Beziehung der Riesen bei lgR ≈ 1.5 eine Gruppe für sich bilden.

Eine Einordnung in bestehende Veränderlichensequenzen ist nicht möglich.

51. σ **Boo** **GG** 291

Bisher war nichts über Veränderlichkeit bekannt, jedoch ist im 4. Satz sein $s_i > s_v$. Neun provisorische Nachtwerte könnten einen 9tägigen Lichtwechsel dar-

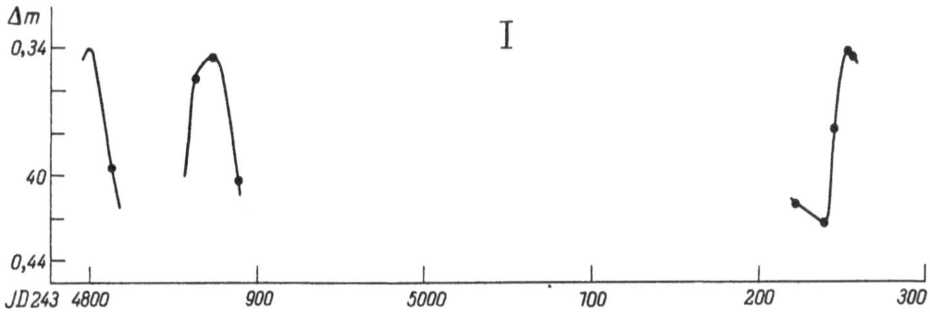

Abb. 17. ϱ Boo

stellen, zumindest läßt sich feststellen, daß eine Periodizität kaum größer als 10 Tage sein kann. A $\leqq$ 0ᵐ04. Messungen über zwei Nächte im Juli und Aug. 1958 zeigen keinen kurzperiodischen Lichtwechsel. Vglst. war δ Boo (G8 III). Nach MK und Mt. Wilson ist σ Boo ein Hauptreihenstern. $M_v = 3.2$ nach MK-Kalibrierung oder mit $m_v = 4.46$ und $\pi = 0\overset{''}{.}063$ wird $M_v = 3.48$. Mit dem letzten Wert liegt er $0\overset{m}{.}30 \pm 0\overset{m}{.}21$ unter der Hauptreihe und wird deshalb von SANDAGE und EGGEN [58] zu den Unterzwergen gerechnet.

52. δ **Boo** **Zi** 1109 **KVS** 101 491

n. v.

53. ϑ **CrB** **GG** 310

n. v.

54. μ^1 **Boo**

Bisher war keine Veränderlichkeit bekannt, aber meine Messungen im 4. Satz ergeben für μ^1 Boo ein $s_i > s_v$:

14 provisorische Nachtwerte lassen eine Periodizität von $P = 7\overset{d}{.}9$ zu mit A $= 0\overset{m}{.}05$. Kurzperiodische Änderungen scheinen nicht vorhanden zu sein. Vglst. war δ Boo.

μ^1 Boo ist nach Mt.-Wilson-Spektrum (dA7n) Hauptreihenstern und liegt nach MK [12] $0\overset{m}{.}5$ und nach PARENAGO [53] $0\overset{m}{.}3$ oberhalb der Hauptreihe.

55. β **Boo** **GG** 301

Er wurde im 4. Satz als veränderlich ausgesondert ($s_i > s_v$).

13 provisorische Nachtwerte ergeben zwischen zwei Minima einen Lichtwechsel von $0\overset{m}{.}06$ und 450 Tagen Dauer. Vglst. war δ Boo (G8 III). Falls der Lichtwechsel periodisch sein sollte, könnte der Stern ein Grenzfall der langperiodischen Veränderlichen sein (Spektrum G8 III, kleine Amplitude).

56. φ **Her**

Bisher waren bei diesem Bp-Stern keine Helligkeitsänderungen bekannt. Im 4. Satz ist jedoch sein $s_i > s_v$.

Messungen in fünf Nächten (Abb. 18) zeigen einen Lichtwechsel bis zu $0\overset{m}{.}05$, der vermutlich im Mittel nur $0\overset{m}{.}03$ beträgt. Nach den Minima kann eine Periode $P = 0\overset{d}{.}2350$ angegeben werden. Vglst. war τ Her (B5 IV).

φ Her hat $M_v = 0.0$. Er liegt damit nach der Neukalibrierung des MK-Systems (JOHNSON, HILTNER und PARENAGO) oberhalb der Hauptreihe (nach JOHNSON und HILTNER $1\overset{m}{.}0$).

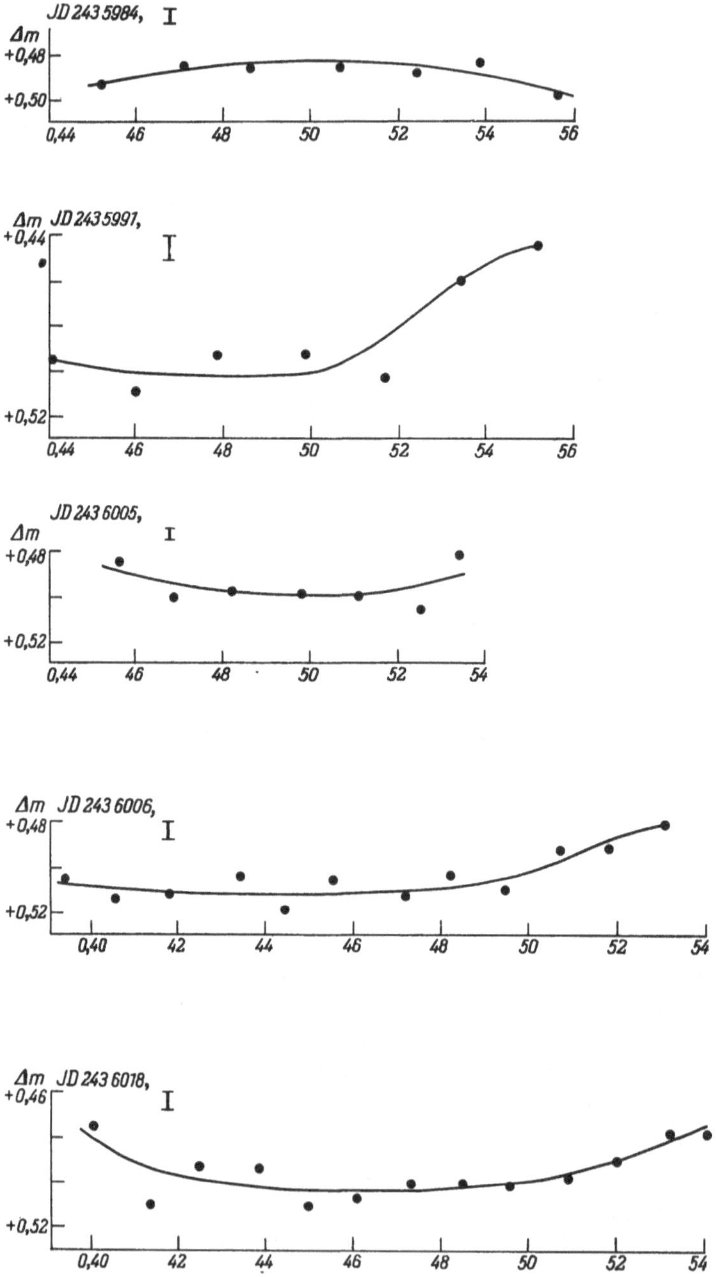

Abb. 18. φ Her

φ Her ist damit auch eine Bestätigung der Ergebnisse von EGGEN [59], wonach Ap- und Am-Sterne oberhalb der Hauptreihe liegen, und meiner in VII, 4, ausgesprochenen Vermutung, daß diese Sterne als Folge ihres Entwicklungszustandes schwach veränderlich sein werden.

57. ι **Dra** **GG** 307

Er wurde im 4. Satz als veränderlich ausgesondert.

11 provisorische Nachtwerte ergeben einen Lichtwechsel um 13^d mit A $\leqq 0^m.06$. Vglst. war ϑ Dra (F8 IV–V).

ι Dra ist Riesenstern (LC III). Eine Einordnung in bekannte Veränderlichensequenzen ist nicht möglich.

58. ϑ **Dra** **GG** 321

Die geringe Veränderlichkeit im Jahre 1917 [1] um $0^m.02$ liegt wahrscheinlich an anderen Ursachen. Ich möchte den Stern auf Grund der Messungen von 1918 [1] und meiner Messungen für konstant halten.

59. τ **Her**

n. v.

60. σ **Her** **Zi** 1258 **KVS** 101 599

Der von LAU [50] an Hand von Stufenschätzungen gemessene Lichtwechsel über $0^m.4$ ist nie wieder festgestellt worden. Der Stern darf als konstant gelten.

61. η **Her**

n. v.

62. ζ **Her** **GG** 327 **Zi** 1262 **KVS** 101 603

n. v.

63. ε **Her** **GG** 330

n. v.

64. η **Dra** **Zi** 1251 **KVS** 101 587

Gemessen wurde nur η Dra A, da der Begleiter (er wurde der Veränderlichkeit verdächtigt) mehr als 5^m schwächer ist.

65. ζ **Dra** **GG** 333

n. v.

66. ν **Dra**

Im 5. Satz wurde stets ($\nu^1 + \nu^2$) Dra gemessen.

Diese beiden Am-Sterne habe ich 1958 in zwei Nächten einzeln an β Dra angeschlossen. Ihre Helligkeit war völlig konstant.

67. ξ **Dra**

n. v.

68. β **Dra** **GG** 338

n. v.

69. γ **Dra**

n. v.

70. ι **Her** **Zi** 1339 **KVS** 101 670

Die Verdächtigung von Lau [50], daß der Stern nach Stufenschätzungen einen Lichtwechsel von 2^m hat, ist sicher nicht reell.

71. π **Her** **Zi** 1305 **KVS** 101 640

n. v.

72. ϱ **Her**

n. v.

73. ϑ **Her** **KVS** 101 693

n. v.

74. ν **Her**

Er wurde im 6. Satz als veränderlich ausgesondert.

Die provisorischen Nachtwerte können einen periodischen Lichtwechsel darstellen (Abb. 19). $P = 29^d$, $A = 0^m.06$. Vglst. war α Lyr (A0 V). ν Her gehört zu den hellen Riesen (LC II) und damit wahrscheinlich zu jenen Sternen, die sich an der Stabilitätsgrenze befinden.

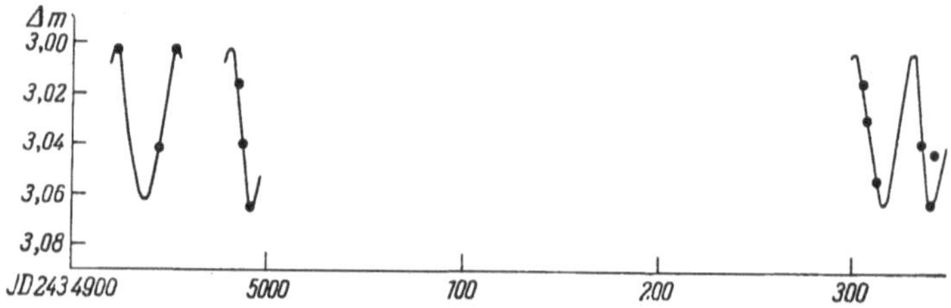

Abb. 19. ν Her

75. $\varkappa$ **Lyr** **KVS** 101 721

Er wurde im 6. Satz als veränderlich ausgesondert.

Zwölf provisorische Nachtwerte können einen Lichtwechsel darstellen mit $P \approx 2^d$, $A = 0^m.07$. Vglst. war α Lyr (A0 V).

$\varkappa$ Lyr ist Riesenstern. Eine Einordnung in bekannte Veränderlichensequenzen ist nicht möglich.

76. α **Lyr** **GG** 358 **Zi** 1458 **KVS** 101 745

Guthnick und Prager [1, 37] messen 1914 bis 1917 einen Lichtwechsel von $0^m.02$ bis $0^m.04$.

Fath [60] weist 1933 bis 1934 in drei Nächten ebenfalls einen solchen Lichtwechsel nach. Da er zu jeder Helligkeitsmessung eine Messung der RV besitzt, kann deren Schwankung ebenfalls nachgewiesen werden. Diese beträgt nur 1 km/sec. Zum Maximumlicht gehört größte negative RV. Seine und Guthnicks und Pragers mittlere Periode beträgt etwa $0^d.07$, die mittlere Amplitude $0^m.02$ bis $0^m.03$.

Dagegen ergeben die Messungen 1930 von Belopolsky [61] eine Periode der RV von $P = 0^d.1795$ bei einer Amplitude von 4 km/sec, während Neubauer [62] in den Jahren 1931 bis 1934 keine kurzperiodischen Schwankungen nachweisen kann.

α Lyr ist ein Stern der LC V, der nach MK- und Parenago-Kalibrierung der Hauptreihe auf ihr liegt, nach Johnson und Hiltner 1^m darüber.

Ich habe ihn provisorisch unter die kurzperiodischen A-Sterne eingereiht, wo er infolge seines Hauptreihencharakters zur hypothetischen τ-Cyg-Sequenz zählt.

Bei meinen Messungen tritt er nicht als veränderlich auf, sondern hat sogar nach δ Cyg die geringste Streuung des 6. Satzes. Ich habe ihn deshalb auch als Anschlußstern zur Ableitung provisorischer Nachtwerte von ν Her, $\varkappa$ Lyr und ζ Lyr benutzt. Eventuelle Helligkeitsschwankungen von α Lyr können sich vor allem bei ν Her und ζ Lyr kaum bemerkbar machen, da bei diesen Sternen wegen der längeren Perioden meistens zwei Nächte zur Bildung eines Nachtwertes benutzt wurden.

77. ζ **Lyr** GG 362 Zi 1514 KVS 101 763/4

Er wurde im 6. Satz als veränderlich ausgesondert ($s_i > s_v$).

Gemessen worden war immer ($\zeta^1 + \zeta^2$) Lyr. 14 provisorische Nachtwerte ergeben einen Lichtwechsel über fast $0^m.08$, der wahrscheinlich ζ^1 Lyr zuzuschreiben ist. Vglst. war α Lyr (A0 V). ζ^1 Lyr ist Metallinienstern ([63], dort auch weitere Literatur) mit anormalen Ba-II-Linien. Nach Abt [100] sind fast alle Metalliniensterne spektroskopische Doppelsterne. Für ζ^1 Lyr bestimmte er die spektroskopische Periode zu $P = 4^d.299963$. Man müßte nun zunächst für die Helligkeitsschwankung einen Bedeckungslichtwechsel annehmen. Mit der spektroskopischen Periode und den 14 Nachtwerten gelang es aber nur angenähert, einen solchen Lichtwechsel darzustellen. Messungen von ζ^1 Lyr im Vergleich zu ζ^2 Lyr (A3n) über zwei Nächte zeigen keine schnellen Helligkeitsänderungen.

Für das Mt.-Wilson-Spektrum dA9s liegt ζ^1 Lyr über 1^m oberhalb der Hauptreihe, wie das nach Eggen [59] zu erwarten ist. Zur Aufklärung seines Lichtwechsels kann der Stern zur weiteren Beobachtung sehr empfohlen werden.

78. γ **Lyr** GG 374 Zi 1573 KVS 101 793

Er wurde von Guthnick und Prager [1] 1915 bis 1917 schnell und unregelmäßig veränderlich gefunden mit einer Amplitude, die nach den Lichtkurven in [37] selten $0^m.02$ übersteigt (maximal bis $0^m.04$). Deshalb dürfte er auch bei meinen Messungen als konstant angezeigt sein. Auch bezeichnen Guthnick und Prager ihre eigenen Messungen als unsicher, da sie keinen geeigneten Vergleichstern benutzen konnten. Baker [1] findet γ Lyr 1925 in 2 Nächten konstant. Ferner ist der Stern oft als Vglst. für β Lyr benutzt worden (zuletzt von Binnendijk in [64]).

Man darf daher annehmen, daß γ Lyr konstante Helligkeit hat und nur die RV variabel ist [1].

79. ϑ **Lyr** GG 382

Bei meinen Messungen wurde er im 6. Satz als veränderlich ausgesondert. Wie Abb. 20 zeigt, liegt die Periode bei 40 bis u.U. über 50 Tage, die Amplitude beträgt

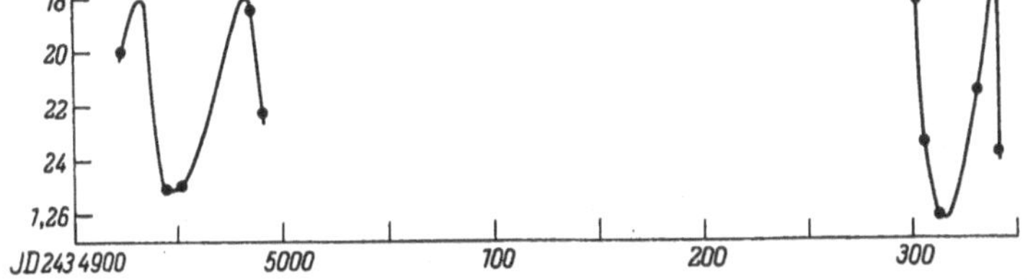

Abb. 20. ϑ Lyr

etwa $0^m_{\cdot}06$ bis $0^m_{\cdot}08$. Vglst.: η Lyr (B5s). ϑ Lyr gehört zu den hellen Riesen (LC II), für die ähnliche Bedingungen gelten, wie für die Überriesen [45].

80. η **Lyr** **GG** 380 **Zi** 1643 **KVS** 101 817

Lichtelektrisch nie merklich veränderlich gewesen [1, 2, 3], deswegen dürften die visuellen Helligkeitsschätzungen mit Lichtwechsel bis zu $0^m_{\cdot}5$ von LAU [50] und ZINNER [2] fraglichen Charakter haben. Auch HOFFMEISTER [57] kann nach Stufenschätzungen keinen Lichtwechsel feststellen. Jedoch ist die RV variabel mit einer Schwankung von 11 km/sec [1].

81. η **Cyg** **Zi** 1840 **KVS** 101 914

Nach meinen Messungen, wobei auch eine Meßreihe über eine ganze Nacht im Anschluß an 25 Cyg ist, und nach den Angaben in [2] ist der Stern als konstant anzusehen.

82. δ **Cyg** **GG** 397 **Zi** 1789 **KVS** 101 885

Dieser Stern hat im 6. Satz das kleinste s_i. Auch GUTHNICK und PRAGER vermuten, daß Helligkeitsschwankungen anderen Ursachen zuzuschreiben sind, u. U. α Cyg, mit dem er zusammen verglichen wurde [37].

83. ι **Cyg**

n. v.

84. $\varkappa$ **Cyg**

Er wurde im 6. Satz als veränderlich ausgesondert.

Wie Abb. 21 zeigt, können seine Helligkeitsschwankungen über $A = 0^m_{\cdot}04$ durch eine 79tägige Periodizität dargestellt werden. Vglst. war ι Cyg (A1n).

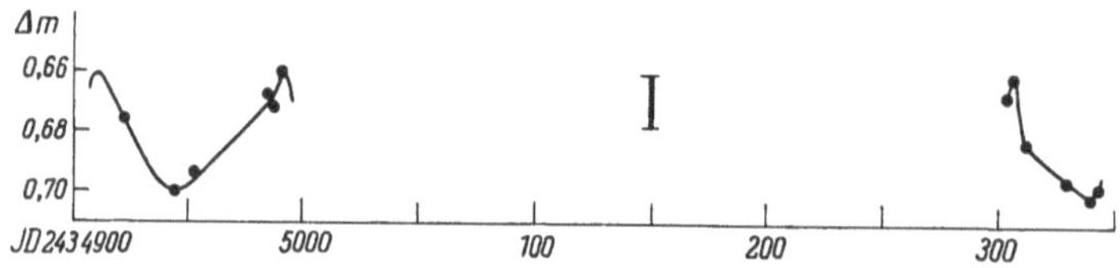

Abb. 21. $\varkappa$ Cyg

Er könnte ein Grenzfall (kleine Amplitude) der SRd-Variablen vom Typ S Vulpeculae sein.

85. 33 **Cyg**

Er wurde im 6. Satz als veränderlich ausgesondert.

Seine provisorischen Nachtwerte ergeben im Anschluß an δ Dra (G9 III) eine Periodizität über 16^d bei $A = 0^m_{\cdot}05$.

Mit $M_v = +0.8$ ($\pi = 0''_{\cdot}020$) liegt 33 Cyg je nach Kalibrierung der LC V $0^m_{\cdot}6$ (PARENAGO) bis $1^m_{\cdot}4$ (JOHNSON, HILTNER) oberhalb der Hauptreihe. Weitere Hinweise siehe Abschnitt VII, 4.

86. δ **Dra**

n. v.

87. ε **Dra** **Zi** 1833 **KVS** 101 902

Wenn der in [2] angeführte Lichtwechsel reell wäre (1^m!), würde bei meinen Messungen des 6. Satzes sein $s_i > s_v$. Der Stern ist innerhalb der angegebenen Fehlergrenzen sicher konstant.

88. ϑ **Cep**

Bei diesem Metalliniensten wurde bisher kein Lichtwechsel festgestellt.

89. η **Cep**

n. v.

90. 32 **Cyg** **GG** 414

32 Cyg = GC 28160 ist ein Bedeckungsveränderlicher vom Algoltyp (EA), der im Generalkatalog Veränderlicher Sterne irrtümlich als o^2 Cyg bezeichnet wird. Er besteht aus einem K5-Ib-Überriesen und einem frühen B-Hauptreihenstern (B2). Abgesehen vom Bedeckungslichtwechsel, der hier nicht betrachtet werden soll, sind Überriesen wegen ihrer großen Masse und Ausdehnung schon von vornherein der Veränderlichkeit verdächtig [45]. Dies trifft auch für den Überriesen von 32 Cyg zu. WOOD und LEWIS [72] finden 1952 Variationen im UV bis $0\overset{m}{.}1$, in B bis $0\overset{m}{.}3$ und in V bis $0\overset{m}{.}2$. Im allgemeinen dürften die Helligkeitsänderungen aber kleiner sein. So finden BOZULA [73] 1955 und 1956 und CHANDRA und PANDE [74] 1959 Variationen in B bis $0\overset{m}{.}2$ bzw. $0\overset{m}{.}1$ und in V nur $0\overset{m}{.}02$. Bei meinen Messungen im 7. Satz wurde 32 Cyg nicht als veränderlich erkannt, jedoch läßt die Fehlergrenze s_v Helligkeitsänderungen bis etwa $0\overset{m}{.}05$ zu. Auch wurden meine Messungen im Gegensatz zu den übrigen nur außerhalb der Bedeckungen gemacht, obwohl da kein genereller Unterschied bestehen dürfte, da die K-Komponente lichtelektrisch etwa noch 2^m heller ist als der B-Stern.

Die Helligkeitsschwankungen von 32 Cyg scheinen irregulär zu sein. Bei CHANDRA und PANDE [74] ist eine solche Schwankung von etwa 16^d Dauer dargestellt. Die Verfasser nehmen als Ursache chromosphärische Opazitätsänderungen an. Eine solche Erklärung wird bekräftigt durch die Ergebnisse von MCKELLAR u. a. [69], wonach in der Chromosphäre des ähnlichen Überriesen von 31 Cyg diskrete Gaswolken mit einer Ausdehnung bis zu $20 \cdot 10^6$ km und einer Lebensdauer von einigen Tagen auftreten.

Von den sonstigen Arbeiten über das System 32 Cyg seien hier nur noch drei spektroskopische genannt: WRIGHT [65], WELLMANN [66] und WESTON [67]. Sie weisen darauf hin, daß die Variationen im chromosphärischen Spektrum des Überriesen — besonders die der K-Linie — ganz ähnlicher Natur sind wie bei ζ Aur (siehe Nr. 1), also vor allem Gasströme in der Chromosphäre, entsprechend großen Protuberanzen.

91. 31 **Cyg** **GG** 411

31 Cyg = V 695 Cyg = o^2 Cyg A = GC 28099 ist wie Nr. 90 (32 Cyg) ein Bedeckungsveränderlicher vom Algoltyp (EA), der ebenfalls aus einem K-Ib-Überriesen und einem B-Hauptreihenstern besteht. Von der zahlreichen Literatur seien hier nur drei neuere Arbeiten genannt, die zugleich weitere Literaturhinweise geben. Es sind dies die Arbeiten von MCKELLAR und PETRIE [68], MCKELLAR, ALLER, ODGERS und RICHARDSON [69] und LARSSON-LEANDER [70], die an Hand von chromosphärischen Linien — besonders der H- und K-Linien — zeigen, daß in der äußeren Chromosphäre des Überriesen in Höhen bis zu $3 \cdot 10^8$ km über dem K-Stern Gaswolken oder Gruppen von Gaswolken existieren mit einer Relativgeschwindigkeit in der Visionsrichtung bis über 100 km/sec, einer Lebensdauer von mehreren Tagen und Dimensionen bis zu einigen 10^7 km, während die innere Chromosphäre (bis zu Höhen von etwa $8 \cdot 10^7$ km) eine protuberanzenartige Struktur aufweist. Ferner

sei noch eine lichtelektrisch-photometrische Arbeit von WOOD [71] über die Bedeckung von 1951 erwähnt, während der er keine besonderen Helligkeitsschwankungen nachweisen kann. Auch die Tiefe des Minimums ist gegenüber früheren Messungen nur um $0^m.02$ verschieden. Dieses Ergebnis bedeutet, daß der K-Überriese keine Pulsationen ausführt. Es steht im Gegensatz zum Ergebnis von ABT [45].

92. γ **Cyg** **GG** 416 **Zi** 1909 **KVS** 101 987

Dieser Überriese wurde von GUTHNICK und PRAGER [37] verdächtigt, weil er 1917, Nov., ein etwa 10 Tage dauerndes algolartiges Minimum von $0^m.06$ gehabt haben soll, während er sonst konstant war.

Wahrscheinlich ist der Stern völlig konstant, da weder die Messungen von STEBBINS [1] noch meine eigenen eine Veränderlichkeit angezeigt haben.

93. 41 **Cyg** **GG** 418

n. v.

94. 52 **Cyg** **GG** 420

n. v.

95. ε **Cyg** **GG** 421

n. v.

96. λ **Cyg**

n. v.

97. τ **Cyg** **GG** 431 **Zi** 1999 **KVS** 102 076

Die Hauptkomponente von τ Cyg, die noch drei schwache Begleiter hat, ist spektroskopisch variabel mit $P = 0^d.143$, K = 8 km/sec [1, 75].

Die Helligkeitsänderungen sind sehr klein, weswegen er bei meinen Messungen nicht als veränderlich erkannt wurde. GUTHNICK und PAVEL [76] fanden 1920: A = $0^m.01$, ohne daß man die Schwankung der spektroskopischen Periode zuordnen konnte. Später konnten oft keine Helligkeitsänderungen nachgewiesen werden [1, 2].

1960 hat PANDE [77] den Stern einer lichtelektrischen Nachprüfung unterzogen. Er fand Lichtvariationen von $0^m.02$ in V und $0^m.015$ in B. Eine Periode konnte nicht abgeleitet werden, so daß er eine gewisse Irregularität des Lichtwechsels annimmt.

τ Cyg ist ein Unterriese mit dem Spektrum F0 und mit einer für dieses Spektrum und seine LC normalen absoluten Helligkeit, die nach EGGEN [9] $M_v = 2.1$ beträgt. Er gehört nach seiner spektroskopischen Periode zu den kurzperiodischen Veränderlichen zwischen B3 und F0, die im Abschnitt VII, 5, gesondert behandelt werden. Dort habe ich auch für diese Veränderlichen, die Hauptreihensterne oder Unterriesen sind und sowohl im Perioden-Helligkeits-Diagramm als auch im Perioden-Radien-Diagramm zusammengehörige Gruppen zu sein scheinen, die selbstverständlich ganz provisorische Bezeichnung „τ-Cyg-Sequenz" gewählt.

98. ν **Cyg** **GG** 426 **KVS** 102 081

FATH [60] benutzte ihn neben 56 Cyg als Vglst. für α Cyg und stellte nicht näher beschriebene Helligkeitsänderungen fest. Sonst sind keine Helligkeitsänderungen bekannt geworden.

99. ξ **Cyg** **GG** 427 **Zi** 1978 **KVS** 102 055

Die Messungen von LAU [2, 78] geben meiner Meinung nach keine Veranlassung, einen Lichtwechsel anzunehmen. Die Helligkeitsänderungen dürften durch einen hohen Meßfehler bedingt sein. Der Stern wurde auch nie wieder als veränderlich erkannt ([1] und vorliegende Arbeit).

100. α **Cyg** **GG** 419 **Zi** 1938 **KVS** 102 017

GUTHNICK und PRAGER stellten zuerst bei diesem Ia-Überriesen Helligkeitsänderungen langsamer Art bis zu 0^m07 fest [1, 37] mit unregelmäßiger Periode, die im Mittel größer als 18^d war. Auch bestand Verdacht auf schnelle Helligkeitsschwankungen [1]. FATH [60] weist 1931 kurze Schwankungen von etwa 0^d1 Dauer und bis zu 0^m04 nach, die synchron mit RV-Änderungen verlaufen, weshalb er eine pulsierende Atmosphäre annimmt. Auch BRODSKAJA [79] stellt 1943 bis 1945 Helligkeitsänderungen um 0^m05 fest. Bei meinen Messungen hat α Cyg neben 32 Cyg die größte Streuung s_i im 7. Satz. Jedoch ist dessen s_v leider sehr groß, so daß noch keine Signifikanz für eine Helligkeitsänderung erreicht wird. Man kann aber — auch auf Grund der Abschätzung in IV,2,— annehmen, daß in den Jahren 1954 bis 1956 mögliche Helligkeitsänderungen nicht größer als 0^m04 bis 0^m05 gewesen sein können. PADDOCK [80] weist an Hand von RV-Messungen von 1931 bis 1933 eine mittlere Periode $\overline{P} = 11^d7$ nach, wobei der Einzelwert bis zu $\pm 4^d$ um $\overline{P}$ streuen kann. $\overline{K} = 2{,}6$ km/sec. 1956 beobachtete ABT [45] bei RV-Messungen mittels vier Fe-II-Linien eine $\overline{P} = 13^d8$. Die Schwankung der RV ist etwa dieselbe wie bei PADDOCK. Da während der RV-Variation die Linienprofile gleich bleiben, was bei Turbulenz oder sonstigen zufälligen Massenbewegungen in der Sternatmosphäre nicht der Fall ist, nimmt ABT Pulsationen an. Für Pulsationen spricht auch die Tatsache, daß die Pulsationskonstante Q etwa dieselbe Größe hat, wie die der pulsierenden halbregelmäßigen M-Überriesen. Dieses Ergebnis trifft auch für sieben andere in [45] mit untersuchte Überriesen vom Spektraltyp B8—F5 zu. GROTH [81] stellt in seiner quantitativen Analyse der Atmosphäre von α Cyg eine Makroverbreiterung der Metallinien von 22 km/sec fest. Dieser Wert ist etwa von der gleichen Größe wie die maximalen RV-Amplituden bei PADDOCK und ABT. Da außerdem dieser Geschwindigkeit eine Machzahl von etwa 2 entspricht, kommt GROTH ebenfalls zu dem Schluß, daß α Cyg oder wenigstens seine Atmosphäre pulsieren, da turbulente Strömungen bei dieser Machzahl unwahrscheinlich sind, obwohl nach anderen Autoren [82] gerade in den ausgedehnten Atmosphären der Überriesen Makroturbulenz mit Überschallgeschwindigkeit auftreten kann. Seine gute Einordnung in die Perioden-Radien-Beziehung der Überriesen (Abschn. VII,2) deutet ebenfalls auf einen schwach pulsierenden Stern hin.

101. v **Cyg** **GG** 433 **Zi** 2001a

1923 und 1924 hat STEBBINS Verdacht auf geringe Veränderlichkeit [1, 2]. Bei meinen Messungen wird er im 8. Satz ebenfalls als veränderlich erkannt. Neun provisorische Nachtwerte zeigen einen Lichtwechsel von 0^m03 und falls er periodisch ist, könnte P etwa bei 150^d liegen.

v Cyg ist ein p-Stern, der in seiner absoluten Leuchtkraft mehr als 1^m unterhalb der Hauptreihe liegt. Nach MICZAIKA [83] sind die BALMERlinien sehr verbreitert, ebenso auch einige He-I-Linien. Hβ zeigt Emission. Ab Hδ haben die Linien scharfe, schmale Kerne.

Infolge seiner geringen Leuchtkraft und des daraus berechneten Radius ordnet sich v Cyg nicht in die Perioden-Radien-Beziehung der Hauptreihen- und hauptreihenähnlichen Sterne ein.

102. σ **Cyg** **GG** 432 **Zi** 2001 **KVS** 102 080

Nach GUTHNICK und PAVEL [76] Helligkeitsschwankungen mit Algolcharakter um $0^m_{\cdot}05$ im Jahre 1920. Nach STEBBINS 1920 bis 1921 nicht merklich veränderlich. Zu bemerken ist aber, daß STEBBINS' Nachweisgrenze bei $0^m_{\cdot}07$ liegt! Während meiner Meßzeit (1954 bis 1955) können Helligkeitsschwankungen nicht größer als $0^m_{\cdot}03$ gewesen sein, da sie sonst bemerkt worden wären.

HENROTEAU gibt 1917 Schwankung der RV an mit $P = 11^d_{\cdot}1$ und K = 2 km/sec, was 1956 von HERBIG bestätigt wird [45]. Wahrscheinlich handelt es sich bei diesem Überriesen der LC Iab um einen schwach pulsierenden Stern. Seine Pulsationskonstante Q ist aber doppelt so groß wie die der anderen von ABT [45] untersuchten Überriesen. ABT vermerkt jedoch, daß sich seine absolute Helligkeit $M_v = -6.4$ nur ungenau aus der IV-Cyg-Assoziation ableiten ließ, deren Mitglied er ist. Wie man aus Abschnitt VII, 2, entnehmen kann, befolgt er die Perioden-Radien-Beziehung der Ib-Überriesen.

103. ϱ **Cyg**

Sein s_i im 8. Satz fand zur Berechnung von s_c Verwendung.

n. v.

104. π^2 **Cyg**

n. v.

105. π **Peg** **GG** 459

GREENSTEIN [84] macht auf „peculiarity" im Spektrum aufmerksam. Die Linien zeigen starke Rotationsverbreiterung (v · sin i ≈ 100 km/sec). H, K und Hα haben starke Absorptionskerne. Auch im Infrarotspektrum treten Besonderheiten auf. Als wahrscheinlichste Deutung nimmt GREENSTEIN eine Hülle (shell) von sehr hoher Ionisation um den Stern an. Helligkeitsänderungen sind nie bekannt geworden.

106. 1 **Lac**

n. v.

107. o **And** **GG** 475 **Zi** 2119

Dieser bekannte Veränderliche ist nach SCHMIDT [17] ein Bedeckungsveränderlicher mit $P = 1^d_{\cdot}59984$, der außerdem noch eine mit einer Periode von etwa 31 Jahren variierende Hülle besitzt. Dies erklärt auch die verschieden großen Helligkeitsschwankungen, die von den Beobachtern seit 1915 festgestellt wurden und $0^m_{\cdot}06$ bis $0^m_{\cdot}5$ betragen (Literatur siehe SCHMIDT). Außer den lichtelektrischen Messungen von SCHMIDT, die im Zustand ohne Hülle gemacht worden sind und einwandfrei den Bedeckungslichtwechsel zeigen, sind sonstige photometrische Messungen immer während des Hüllenstadiums durchgeführt worden. Der Zufall wollte es, daß auch meine Messungen Ende 1954 und Ende 1955 in das Stadium ohne Hülle fielen, so daß dann nur der Bedeckungslichtwechsel wirksam war. Davon fällt von den zwölf Messungen nur eine in ein Minimum (Elemente nach SCHMIDT), während die anderen ein erstaunlich konstantes Normallicht zeigen. Deshalb hat o And im 8. Satz die geringste Streuung. Meine Messungen sind eine weitere Bestätigung der Erklärung des Lichtwechsels von o And durch SCHMIDT.

108. 7 **Lac**

n. v.

109 ε **Cep** **GG** 461

n. v.

110. ζ **Cep** **GG** 460 **Zi** 2076 **KVS** 102 155

1917 bis 1919 nach GUTHNICK und PRAGER [1, 2, 37] bis über $0^m_.06$ veränderlich, später nur noch $0^m_.02$. RV-Schwankung 6 km/sec.

Sonst sind keine Helligkeitsänderungen festgestellt worden. Auch bei mir war der Stern konstant. Da der Stern aber ein später Ib-Überriese ist, können temporäre Variationen von vielleicht $0^m_.02$ durchaus möglich sein.

111. ν **Cep** **Zi** 2044 **KVS** 102 128

Für diesen Ia-Überriesen gibt ABT [45] eine Schwankung der RV an, die sich als Mittel von drei Zyklen über $7^d_.6$ erstreckt. Ihre Größe ist etwa 2 km/sec. Seine Pulsationskonstante Q ist etwa gleich der Pulsationskonstanten der pulsierenden späten Überriesen der LC Ia. In der Perioden-Radien-Beziehung der Überriesen (VII, 2) gehört der Stern eher zu den Ib-Überriesen, wenn man die von ABT aus der I-Cep-Assoziation, deren Mitglied ν Cep ist, abgeleitete, für Ia-Überriesen etwas geringe absolute Helligkeit $M_v = -6.3$ benutzt.

112. α **Cep** **GG** 435

n. v.

113. ξ **Cep**

n. v.

114. ι **Cep** **GG** 473

n. v.

115. ι **And** **GG** 485 **Zi** 2149 **KVS** 102 272

Variable RV nach BARRETT [85]. Nach LAU und ZINNER [2] schwache Helligkeitsänderungen. Bei meinen Messungen des 9. Satzes wurde er als veränderlich ausgesondert. Die provisorischen Nachtwerte ergeben A = $0^m_.01$ bis $0^m_.04$. Eine Periodizität um 17 Tage ist angedeutet. Vglst.: $\varkappa$ And (B8 V). Der Stern gehört zur Hauptreihe [12]. Seine M_v nach trig. Par. $\pi = 0''_.012$ ist -0.3. Damit liegt er $0^m_.8$ oberhalb der Neukalibrierung [13] für B8 V. Weiteres siehe unter VII, 4.

116. τ **And** **GG** 486

n. v.

117. λ **And** **GG** 484

Der bekannte Veränderliche sollte hier nur auf Lichtwechsel überprüft werden, da er offenbar nicht immer veränderlich zu sein scheint [1] und auch die Art seines Lichtwechsels nicht bekannt ist [15]. Im 9. Satz wurde er als veränderlich angezeigt. Die Meßzeit ist 1954, Okt. und Nov., sowie 1955, Sept. bis Nov.

118. $\varkappa$ **Cas** **GG** 12 **Zi** 27 **KVS** 100 038

Für ihn war im 9. Satz $s_i < s_v$ (nicht veränderlich). Trotzdem habe ich ihn gelegentlich (1958, Sept. 13 und 14) wegen seines Überriesencharakters beobachtet, da auch nach M. GÜSSOW [87] eine geringe Veränderlichkeit im Jahre 1930 wahrscheinlich war. Vglst.: η Cas (G0 V). Dabei zeigten sich (Abb. 22) Helligkeitsschwankungen um $0^m_{\cdot}02$. Nach der Lichtkurve von 1958, Sept. 14., (JD 2436460) könnte der Stern eine Periode von $0^d_{\cdot}33$ haben. Damit würde er in der Perioden-Leuchtkraft-Beziehung der kurzperiodischen Sterne eine Fortsetzung der β-Cep-Sequenz nach größter absoluter Leuchtkraft (LC Ia) darstellen. Jedoch besteht ebenso die Möglichkeit, daß die Periode nur zufällig die genannte Größe hat oder der Lichtwechsel unperiodisch ist. Eine gewisse Erfahrung mit dem Lichtwechsel der Überriesen vom Spektraltyp B bis F spräche allerdings gegen die letztere Möglichkeit.

Seine RV-Schwankung beträgt nach [85] 23 km/sec. Die Hβ-Absorption ist ebenfalls variabel [83] und kann leichte Emissionsränder annehmen.

Weitere Beobachtungen wären sehr wünschenswert, um den Typus seiner Veränderlichkeit entscheiden zu können!

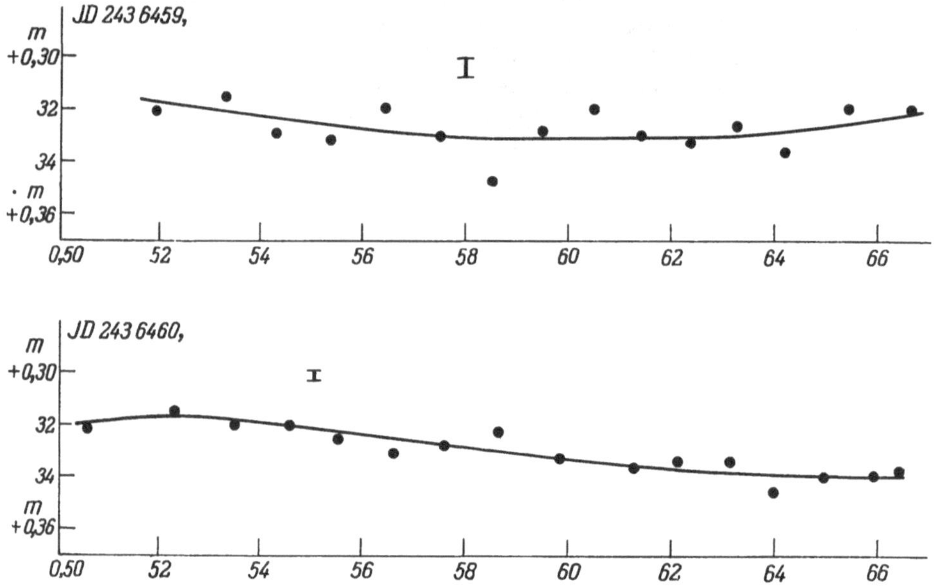

Abb. 22. $\varkappa$ Cas

119. β **Cas** **GG** 2

Dieser Unterriese hat nach PAYNE-GAPOSCHKIN [86] eine äquatoriale Rotationsgeschwindigkeit von 50 km/sec, die durch Vergleich des Spektrums mit dem ähnlichen Spektrum von α CMi gefunden wurde, dessen sonst scharfe Linienprofile entsprechend der gesuchten Rotationsgeschwindigkeit verbreitert werden mußten. Helligkeitsänderungen sind nicht bekannt.

120. η **Cas** **GG** 23

Er hat im 9. Satz das kleinste s_i!

n. v.

121. ζ **Cas** **GG** 13 **Zi** 30 **KVS** 100 046

Der Verdacht auf Veränderlichkeit in [37] konnte nie bestätigt werden. Der Stern ist bestimmt konstant.

122. φ **And** **GG** 31

n. v.

123. ν **And** **GG** 24

1958 bei Überprüfung der lichtelektrischen Anlage über zwei Nächte zusammen mit μ And und β And gemessen. Die drei Sterne waren völlig konstant.

n. v.

124. μ **And** **GG** 28

Siehe Nr. 123 (ν And).

n. v.

125. β **And** **GG** 33 **Zi** 54a **KVS** 100 088

Nach YOUNG [85] RV-Schwankung 2.7 km/sec ?
Siehe auch Nr. 123 (ν And).

n. v.

126. ϑ **And**

n. v.

127. π **And** **GG** 14

n. v.

128. δ **And**

Bei diesem Riesenstern ergab sich im 9. Satz ein $s_i > s_v$. Die provisorischen an π And (B4) angeschlossenen Nachtwerte zeigen einen Lichtwechsel über $0\overset{m}{.}06$. Eine Periode ließ sich nicht bestimmen. Die Nachtwerte lassen sich aber einem siebentägigen Lichtwechsel einordnen. Der Stern gehört zu jener Gruppe von Giganten, für die $R \approx 30\ R_{\odot}$ ist ohne besondere Abhängigkeit zur Periode (siehe VII, 3).

129. ε **Cas** **Zi** 95 **KVS** 100 141

n. v.

130. φ **Per** **GG** 38

Für diesen bekannten unregelmäßigen Veränderlichen war $s_i > s_v$. Er wurde nur zur Überprüfung mitgemessen, da seine photographische Amplitude nur $0\overset{m}{.}1$ beträgt, soll aber hier nicht weiter behandelt werden.

131. 51 **And**

n. v.

132. υ **And**

n. v.

133. γ **And** **GG** 45

n. v.

134. β **Tri** **GG** 46

n. v.

135. γ **Tri**

n. v.

136. 16 **Per** **GG** 53

n. v.

137. ϑ **Per**

n. v.

138. ι **Per** **GG** 61

Er hat im 10. Satz das kleinste s_i!

n. v.

139. γ **Per** **GG** 58

RV-Schwankung nach [85] 7 km/sec.

Helligkeitsänderungen sind nicht bekannt geworden.

140. τ **Per** **Zi** 159 **KVS** 100 243

Die Behauptung von LAU, daß der Stern einen Lichtwechsel über $0^m\!.4$ zeigt, ist durch andere Stufenschätzungen widerlegt [2]. Nach [85] hat er variable RV. τ Per hat nach ι Per das kleinste s_i und fand deshalb zur Berechnung von s_c Benutzung. Es ist anzunehmen, daß er konstante Helligkeit hat.

141. η **Per**

Dieser Überriese zeigt Emissionen in H und K von Ca II [88]. Helligkeitsänderungen sind nicht bekannt.

142. 2 **H Cam** **KVS** 100 276

n. v.

143. o **Per** **GG** 74 **Zi** 208 **KVS** 100 301

Dieser spektroskopische Doppelstern wurde durch lichtelektrische Messungen von GUTHNICK und PRAGER [1, 36, 37] als schwach veränderlich erkannt: P = spektroskopische Periode von $4^d\!.419$, aber mit Zwischenmaxima und schwankender Amplitude. 1950 und 1951 wurde er von WALKER [90] in zwei Nächten lichtelektrisch getestet und in einer Nacht um $0^m\!.05$ veränderlich gefunden. Eine eigene Meßreihe über 2 Stunden 1957, Jan. 21., zeigt eine Abnahme der Helligkeit von $0^m\!.02$. LYNDS [3, 91] scheint endgültig Klarheit über den Lichtwechsel gebracht zu haben. Danach erfolgt dieser mit der halben Bahnperiode des spektroskopischen Systems, also $P = 2^d\!.2$ und mit $A = 0^m\!.03$. Da ferner die Kurve fast sinusförmig ist, nimmt LYNDS einen Lichtwechsel durch ellipsoidische Komponenten an. Außerdem bestimmte er die Bahnelemente neu, deren Abweichungen von JORDANS Elementen innerhalb der Fehlergrenzen liegen. Geschwindigkeitskurve und Lichtkurve liegen völlig in Phase: Maxima der Helligkeit sind gleich Quadratur und Minima gleich Konjunktion in der Bahn.

144. ζ **Per** **GG** 80 **Zi** 260 **KVS** 100 357

GUTHNICK und PRAGER [1, 36, 37] haben zum ersten Mal den Stern der Veränderlichkeit verdächtigt. Der Umfang des Lichtwechsels betrug $0^m\!.02$ und könnte algolartig sein. Meine Messungen des 11. Satzes ergeben ein $s_i > s_v$. Die provisorischen Nachtwerte deuten auf einen Lichtwechsel hin, dessen Periode kleiner ist als die spektroskopische Periode von $1^d\!.765$, wahrscheinlich sogar kleiner als 1^d. Die Amplitude betrug von Okt. 1954 bis Jan. 1955 $0^m\!.06$ und im Sept. und Okt. 1955 nur noch $0^m\!.03$. Vglst. war ε Per (B0.5 V).

Im H-R-Diagramm liegt dieser Ib-Überriese in der Fortsetzung der β-Cep-Sequenz, ähnlich wie Nr. 118 ($\varkappa$ Cas). Seine Periode müßte dann knapp $0^d.3$ sein (siehe auch VII, 5). Weitere Messungen zur Klärung dieser Frage wären sehr wünschenswert!

145. ξ **Per** **GG** 84 **Zi** 264 **KVS** 100 364

Nach Guthnick und Prager ist er mit sehr kleiner Amplitude variabel [36, 37]. Die Ca-Linien variieren mit $P = 6^d.951$ [85]. Nach meinen Messungen des 11. Satzes ist $s_i > s_v$. Die provisorischen Nachtwerte ergeben einen Lichtwechsel über $0^m.05$. Die Schwankungen (Periode ?) sind kleiner als 1^d. Vglst. war ε Per (B0.5 V). ξ Per ist Emissionslinienstern. Nach Wilson [92] gehen bei O-Sternen mit wachsender Leuchtkraft die Linien λ 4688 (He II), λ 4634 bis 4642 (N III) und λ 5696 (C III) in Emission über.

Wegen der großen absoluten Leuchtkraft von ξ Per sind bei ihm auch die Linien $\lambda\lambda$ 4634 bis 4642 und 5696 stark in Emission. Aus der Stärke der H-Linie bestimmt Wilson die absolute Helligkeit zu $M_v = -6.7$ im Gegensatz zu $M_v = -5.4$ mittels $\pi = 0''.017$ und $m_v = 4.05$. Auch andere Linienstärken ergeben ein M_v oberhalb -6. Auf jeden Fall dürfte der Stern oberhalb der Hauptreihe liegen, die sich in diesem Spektralbereich etwa bei $M_v = -5.1$ befindet [13]. Seine geringe Veränderlichkeit darf man vielleicht als eine Variabilität oberer Atmosphärenschichten ansehen, in denen nach Oke [93] bei O-Sternen die Emissionslinien gebildet werden. Diese Variabilität könnte z. B. durch ein ungleichmäßiges Ein- oder Ausströmen von Materie in die bzw. aus den oberen Atmosphärenschichten entstehen. Nach Oke ändern auch die oben genannten Emissionslinien der O-Sterne innerhalb weniger Stunden Profil und Intensität, was mit meinem Ergebnis der Helligkeitsschwankungen von ξ Per übereinstimmen würde.

146. ε **Per** **GG** 83 **Zi** 263 **KVS** 100 363

Guthnick und Prager [36, 37] haben Verdacht auf geringe Veränderlichkeit. Nach [85] Schwankung der RV 20 km/sec.

Für ihn war im 11. Satz $s_i < s_v$ (nicht veränderlich). Da auch sonst nichts über Veränderlichkeit bekannt geworden ist, darf der Stern als konstant gelten. Zu beachten wäre aber sein früher Spektraltyp!

147. ν **Per** **KVS** 100 305

Struve und andere [94] finden 1957 keine kurzperiodische RV-Änderung, weshalb der Stern auch nicht, wie vermutet, zur δ-Scuti-Gruppe gehört. Trotzdem sind kleine Änderungen über nicht bekannte Zeiten möglich, wie bereits 1928 Campell und Moore [95] feststellten. Die Annahme von Eggen [94], daß seine Helligkeit variabel sein könnte, ist nicht bewiesen.

Meine Messungen im 11. Satz ergeben keine Veränderlichkeit. Es ist anzunehmen, daß dieser helle Riese (LC II) konstante Helligkeit hat.

148. δ **Per** **GG** 73 **Zi** 203 **KVS** 100 296

Bis 1920 mehrmals der Veränderlichkeit verdächtigt [1, 2, 36, 37]. Danach immer konstant, auch bei meinen Messungen (11. Satz). Obwohl der Stern ein B-Riese ist, scheint er doch nicht veränderlich zu sein. Der Verdacht vor 1920 hat wahrscheinlich andere Ursachen.

149. ψ **Per** **GG** 71

1920 und 1921 Verdacht der Veränderlichkeit durch Stebbins [1]. Bei meinen Messungen hat er die kleinste Streuung s_i im 11. Satz! Nach Righini und Mannino

[96] haben $H\beta$ und $H\gamma$ schwache Emissionskomponenten, auch hat er Emissionslinien von Ti II, Fe II und Fe III.

Es ist anzunehmen, daß der Verdacht von 1920 und 1921 andere Ursachen hat und der Stern trotz seines Be-Spektrums konstant ist.

150. α **Per** **GG** 67 **Zi** 183 **KVS** 100 269

Bei Guthnick und Prager [1, 37] gering veränderlich, zeitweise konstant. 1920 und 1923 findet Stebbins keinen Lichtwechsel (seine Nachweisgrenze liegt aber bei $0^{\text{m}}07$!).

Bei meinen Messungen im 11. Satz ebenfalls nicht veränderlich.

Von den Arbeiten über variable RV sei hier nur die von Abt [45] über die Variabilität der Übergiganten erwähnt, die weitere Literaturhinweise enthält. Aus zwei Zyklen zu 3.6 und 4.4 Tagen bestimmt Abt eine mittlere Periode zu $4^{\text{d}}0$, die sich

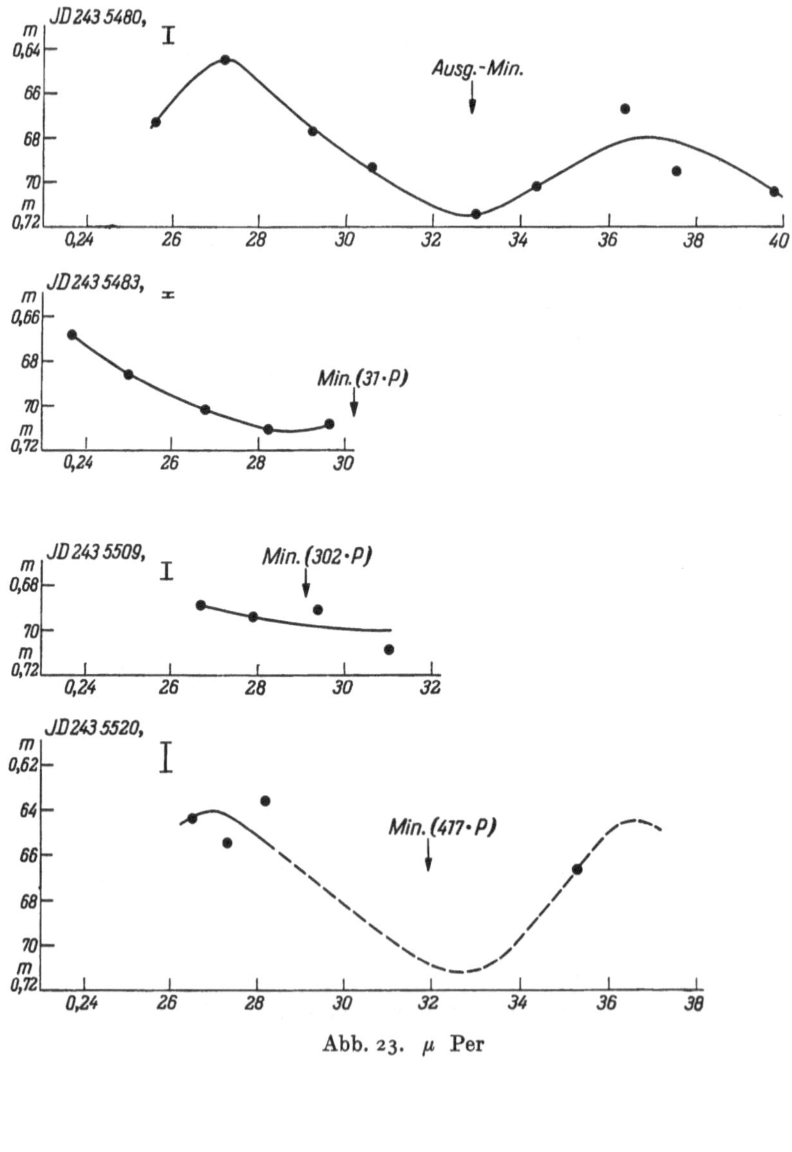

Abb. 23. μ Per

auf $4^{d}.8$ erhöht, wenn man die Zeit, die zwischen beiden Zyklen liegt ($6^{d}.3$), mit berücksichtigt.

Sicher darf auch α Per als Ib-Überriese als schwach pulsierender Stern angesehen werden, ähnlich wie die Ia-Überriesen der Arbeit von ABT. Seine Pulsationskonstante entspricht auch etwa der Pulsationskonstanten der variablen Ib-Überriesen vom Typ δ Cep.

151. $\varkappa$ **Per** **Zi** 177 **KVS** 100 260

n. v.

152. λ **Per** **GG** 91

n. v.

153. μ **Per**

Für ihn war $s_i < s_v$ (nicht veränderlich). Trotzdem habe ich ihn Anfang 1956 in vier Nächten wegen seines Überriesencharakters beobachtet. Das Ergebnis zeigt Abb. 23. Der Lichtwechsel scheint einen Umfang zwischen $0^{m}.03$ bis $0^{m}.06$ zu haben. Aus den beiden Maxima in der oberen Abbildung, den drei Minima in der unteren Abbildung und dem angenommenen Minimum läßt sich eine Periode von $0^{d}.0959$ ableiten, um die die Minima nur mit etwa $\pm 0^{d}.01$ streuen. Trotzdem sollte man nicht annehmen, daß hier ein periodischer Zustand vorliegt, denn μ Per fügt sich in keine der drei Gruppen der kurzperiodischen Sterne ein, wie aus den Beziehungen zwischen Periode und Leuchtkraft bzw. Radien zu ersehen ist (Abschn. VII, 5). Man sollte hier viel mehr mit Fluktuationen, Opazitätsänderungen o. ä. der Sternatmosphäre rechnen, wie dies neben Pulsationen ebenfalls von Überriesen bekannt ist. Bestätigt wird dies noch durch Beobachtungen in zwei Nächten 1958, Dez., von SPINRAD [97], der keine Helligkeitsänderungen größer als $0^{m}.02$ fand. Vglst. war bei meinen Messungen λ Per (B9 V).

154. 48 **Per** **GG** 93 **Zi** 270 **KVS** 100 368

Nach GUTHNICK und PRAGER sowie STEBBINS [1, 36, 37] veränderlich von $0^{m}.05$ bis $0^{m}.07$.

Bei meinen Messungen im 11. Satz ist $s_i > s_v$.

16 Nachtwerte ergeben eine Periode, die über den Beobachtungszeitraum von etwa 480 Tagen im Mittel 72 Tage betragen hat. $A = 0^{m}.09$. Das Aussehen der Lichtkurve unterliegt gewissen Veränderungen (Abb. 24). 48 Per ist Emissionslinienstern mit variablen und zeitweise doppelten Emissionen der BALMER-Linien [98]. Seine Stellung im H-R-Diagramm liegt im Bereich der Hauptreihe.

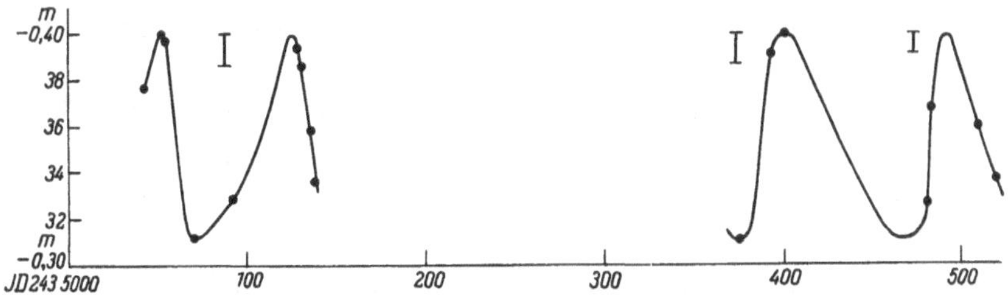

Abb. 24. 48 Per

155. 58 **Per** **GG** 104

n. v.

156. ι **Aur** **GG** 112 **Zi** 325 **KVS** 463

Nach GUTHNICK und PRAGER [36] wahrscheinlich veränderlich mit A = $0^{m}_{.}15$. Bei meinen Messungen im 11. Satz zeigte der Stern keine Veränderlichkeit, die größer als $0^{m}_{.}03$ gewesen sein kann. Es ist anzunehmen, daß zumindest ein Teil der Amplitude ε Aur zuzuschreiben ist, für den er neben η Aur als Vglst. benutzt wurde.

VII. Mikrovariabilität und Zustandsgrößen

1. Vorbemerkung

Sinn und Zweck der Arbeit war es nicht nur, aus einer Anzahl von Sternen diejenigen herauszufinden, deren Helligkeit schwach veränderlich ist, sondern auch nach der Ursache dieser Veränderlichkeit zu forschen. Die zweite Aufgabe ist die weitaus schwierigere. Sie kann mit den heutigen Mitteln der Sternphysik nur näherungsweise gelöst werden. Ich habe versucht, durch Zuordnung der Veränderlichen zu ihren Leuchtkraftklassen und durch Untersuchung verschiedener physikalischer Parameter in Abhängigkeit von der Periode des Lichtwechsels zu einer Lösung dieser Aufgabe beizutragen. Dabei liegt die Schwierigkeit einer solchen Untersuchung vor allem mit in der Unvollkommenheit des vorhandenen Materials, auch handelt es sich stets um eine Statistik mit kleinen Zahlen. So gilt für den Begriff „Periode“ das schon unter VI, 1, Gesagte. In ähnlicher Weise kann auch von den untersuchten Beziehungen nicht erwartet werden, daß sie a priori richtig sind. Wesentlich ist hier vielmehr, daß sie mit hinreichender Genauigkeit eine Tendenz, z. B. der Veränderlichkeit, angeben. Das gilt es beim Lesen der nachfolgenden Abschnitte VII, 2, bis VII, 6, zu beachten. Um die Möglichkeiten einer solchen Untersuchung noch zu verbessern, wurden zu den 34 Veränderlichen dieser Arbeit noch andere bekannte Variable mit kleiner Amplitude hinzugefügt, wie z. B. einige β-CMa-Sterne oder auch Spektrumveränderliche (aber keine magnetischen, α^2-CVn- o. ä. Variablen). Nun erfolgte die Einteilung dieser Sterne in vier Gruppen:

Die 1. Gruppe enthält Sterne der LC I und II, also die Überriesen und hellen Riesen.

Die 2. Gruppe enthält Sterne der LC II—III, III und III—IV, also Riesensterne.

Die 3. Gruppe enthält Sterne der LC IV und V sowie solche, die wahrscheinlich zur Hauptreihe gehören, für die aber keine genauere Bestimmung vorliegt, ferner noch einige p-Sterne.

Die 4. Gruppe enthält die kurzperiodischen Veränderlichen in einer speziellen Diskussion.

Jede dieser Gruppen wurde auf folgende Zusammenhänge hin untersucht:

1. Wie groß ist die Variabilität in einer bestimmten Leuchtkraftklasse LC?

2. Gibt es eine Abhängigkeit zwischen der absoluten visuellen Helligkeit M_v und der Periode P?

3. Gibt es eine Abhängigkeit zwischen dem Spektraltyp und der Periode?

4. Gibt es eine Abhängigkeit zwischen Radius R und der Periode?

Außerdem wird für die 4. Gruppe ein gesonderter Abschnitt über die Anzahlen der kurzperiodischen Veränderlichen in der Galaxis angefügt.

Für jede Gruppe wurde eine Tabelle sämtlicher untersuchter Sterne zusammengestellt, die die für die Lösung der vier Fragen notwendigen Angaben enthält. Es sind das: 1. die Bezeichnung des Sternes, 2. Spektraltyp und LC nach der MK- oder Mt.-Wilson-Klassifikation, 3. die absolute visuelle Helligkeit M_v nach der MK-Kalibrierung oder aus gut bekannten Parallaxen, 4. Periode P in Tagen, 5. Logarithmus der Periode lg P, 6. Amplitude A des Lichtwechsels in Größenklassen, 7. die absolute bolometrische Helligkeit M_{bol}. 8. Logarithmus des Radius lg R, 9. Radius R in Einheiten des Sonnenradius und 10. Anmerkungen.

Die Berechnung der Spalten 8 und 9 erfolgte über die bekannten Formeln für die absolute bolometrische Leuchtkraft

$$\lg \frac{L}{L_\odot} = \frac{1}{2.5} (M_{bol\,\odot} - M_{bol})$$

$$\text{mit} \quad M_{bol\,\odot} = +\,4.63$$

und

$$\lg \frac{L}{L_\odot} = 4 \lg \frac{T_e}{T_{e\,\odot}} + 2 \lg \frac{R}{R_\odot}$$

$$\text{mit} \quad T_{e\,\odot} = 5760\ ^\circ\text{K}\,,$$

und wobei unter R stets ein mittlerer Radius gemeint ist.

Die bolometrischen Korrektionen von Kuiper [103] sind aus der entsprechenden Tabelle bei Schwarzschild [104] und für Spektraltypen später als Mo aus dem Handbuch der Physik, Band 51, S. 83, [105] entnommen. Für die effektiven Temperaturen T_e ist die MK-Kalibrierung [12] benutzt worden.

2. Überriesen

Das Programm enthält:

5 Ia-Überriesen
1 Iab-Überriesen
9 Ib-Überriesen
2 Ib—II-Überriesen
9 II-helle Riesen

Von diesen wurden von mir fünf als veränderlich gefunden, nämlich $\varkappa$ Cas (Ia), ζ Per (Ib), μ Per (Ib), ν Her (II) und ϑ Lyr (II).

Es ergäbe aber ein falsches Bild, wollte man hieraus prozentuale Werte für die Veränderlichkeit der Überriesen ableiten. Da nämlich die Amplituden dieser Sterne sehr klein sind — manche scheinen nur Spektrum-Variable zu sein —, liegen sie oft noch innerhalb der zulässigen Streugrenze s_v. Wie schon in der Vorbemerkung erwähnt, erwies es sich deshalb als notwendig, Messungen anderer hinzuzuziehen. Hier war neben anderen Veröffentlichungen die Arbeit von Abt [45] besonders vorteilhaft.

Aus Tabelle 2 kann man die mir durch eigene oder andere Arbeiten bekannt gewordenen mikrovariablen Überriesen entnehmen.

Von den 17 Programmüberriesen der LC I erweisen sich demnach 8 als mikrovariabel in der Helligkeit oder auch im Spektrum, das sind 47%. Von 9 hellen

Riesen der LC II sind 3 veränderlich oder 33%. Die Behauptung von Abt [45], daß alle Überriesen variabel sind, darf auf Grund dieses Ergebnisses etwas übertrieben anmuten, obwohl man ihr andererseits näherkommt, wenn man bedenkt, daß die großen Veränderlichensequenzen meistens durch Überriesen besetzt sind. Eine strenge Periodizität scheint bei den mikrovariablen Überriesen nicht vorzuliegen. Man könnte sie vielleicht als halbregelmäßige Veränderliche bezeichnen. Die „Perioden" liegen zwischen einigen Stunden und mehreren hundert Tagen. Im vorliegenden Material scheint eine Häufung zwischen 0 und 50 Tagen angedeutet

Tabelle 2

Stern	Spektrum	M_v	P	lg P	A	M_{bol}	lg R	R	Anm.
$\varkappa$ Cas	B1 Ia	−6.9	$0\overset{d}{.}33$	−0.48	$0\overset{m}{.}02$	−9.3:	1.601	40	
β Ori	B8 Ia	−8.6	21.9	1.34		−9.7	2.178	150	Sp
σ Cyg	B9 Iab	−6.4	11.1	1.05		−7.3	1.761	58	Sp
HR 1040	A0 Ia	−6.6	7.7	0.89		−7.4	1.838	69	Sp
ν Cep	A2 Ia	−6.3	7.6	0.88		−6.8	1.836	69	Sp
HR 7573	A2 Ia	−6.8	7.7	0.89		−7.3	1.936	86	Sp
9 Per	A2 Ia	−7.4	$\leqq$ 9.9	0.99		−7.9	2.056	114	Sp
α Cyg	A2 Ia	−7.5	11.7	1.07		−8.2	2.116	130	Sp
6 Cas	A3 Ia+	−8.3	46	1.66	0.10	−8.7	2.272	187	SL
ε Aur	F0 Iap	−7.0	110	2.04	$\leqq$ 0.24		2.362	230	+
89 Her	F2 Ia	−7.0	70	1.84		−7.0	2.165	146	Sp
δ CMa	F8 Ia	−7.0	270	2.43		−7.1	2.417	260	Sp
VV Cep	M2+Ia–Iab	−1.84	5000	3.70	0.15		2.763	580	++
ζ Per	B1 Ib	−5.8	< 1		0.06	−8.2	1.381	24	
α Per	F5 Ib	−4.5	4.8	0.68		−4.5	1.756	57	Sp
μ Per	G0 Ib	−4.5	0.0959	−1.02	0.04	−4.7	1.982	96	
32 Cyg	K5 Ib–II	−2.7	?		$\leqq$ 0.3			350	+++
ν Her	F2 II	−2.0	29.0	1.46	0.06	−2.0	1.163	15	
ϑ Lyr	K0 II	−2.1	50	1.70	0.07	−2.7	1.784	61	
ζ Aur	K4 II	−2.4	?		$\leqq$ 0.05			190	+++

Anmerkungen zu Tabelle 2:

+ = Radius aus Bedeckungslichtwechsel [109]
++ = Radius aus spektroskopischer Bahn [110]
+++ = Radius aus Bedeckungslichtwechsel [68]
Sp = bisher nur variables Spektrum bekannt [45]
SL = von Abt [45] als spektrumvariabel entdeckt und von Bappu [137] vermuteter Lichtwechsel bestätigt

zu sein mit einem Häufungsmaximum bei etwa 8 bis 10 Tagen, wie das auch ganz ähnlich bei den δ-Cep-Sternen der Fall ist [106].

Wenden wir uns nun der Frage zu, ob es einen Zusammenhang zwischen der absoluten visuellen Helligkeit M_v und der Periode gibt. Wie Abb. 25 zeigt, existiert ein solcher Zusammenhang offenbar nicht. Die absoluten Helligkeiten der Ia-Über-

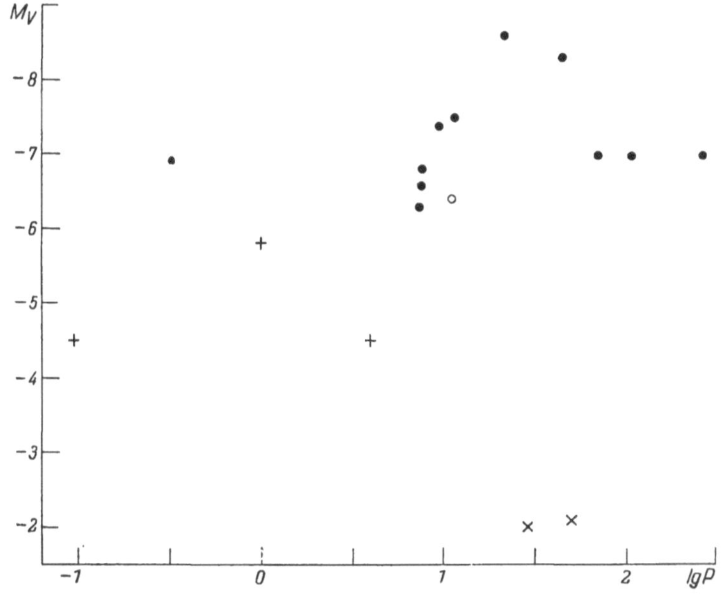

Abb. 25. Perioden-Helligkeits-Beziehung der Überriesen

Überriesen der LC Ia = ●   Ib = +
Iab = ○   II = ×

riesen streuen bei allen Perioden um $-7^{\mathrm{M}}_{.}0$ und die M_v der Ib-Überriesen um $-4^{\mathrm{M}}_{.}5$. Bei der untereinander ähnlichen absoluten Helligkeit der Überriesen überrascht dieses Ergebnis nicht. Ob für die Ia-Überriesen vom Spektraltyp A eine Perioden-Helligkeits-Beziehung besteht, wie sie Abt [45] vermutet, ist zumindest fraglich, da dann frühere und spätere Spektraltypen sehr kleine bzw. sehr große M_v haben müßten. Über die hellen Riesen läßt sich zu dieser Frage keine Aussage machen, da ich hier nur über zwei Variable genauere Kenntnis habe.

Bei der ersten Gruppe, den Überriesen, zeigt sich also, daß eine allgemeingültige Perioden-Helligkeits-Beziehung nicht existiert, nur ausgeprägte Veränderlichensequenzen, wie die der δ-Cep- oder der Mira-Sterne, besitzen eine solche für die jeweilige Sequenz gültige Beziehung. Dagegen gibt es eine Perioden-Spektrum-Beziehung, wie Abb. 26 zeigt. Größere Abweichungen von dieser Beziehung sind wahrscheinlich durch die oft nur ungenau bekannte Periode bedingt. Auch hier gilt, wie bei den Veränderlichensequenzen der Überriesen, je länger die Periode, um so später der Spektraltyp. Langperiodische Halbregelmäßige, wie α Sco und α Ori, ordnen sich in das Diagramm mit ein, ebenso der zur LC II gehörende β-CMa-Stern α Lup.

Nun soll noch die Perioden-Radien-Beziehung untersucht werden. Trägt man in ein Diagramm (Abb. 27), das als Abszisse den Logarithmus der Periode und als Ordinate den Logarithmus des Radius (Einheit: Sonnenradius) enthält, die entsprechenden Meßpunkte für die Überriesen ein, dann erkennt man eine Abhängigkeit zwischen Radius und Periode, die sich näherungsweise linear darstellen läßt. Die

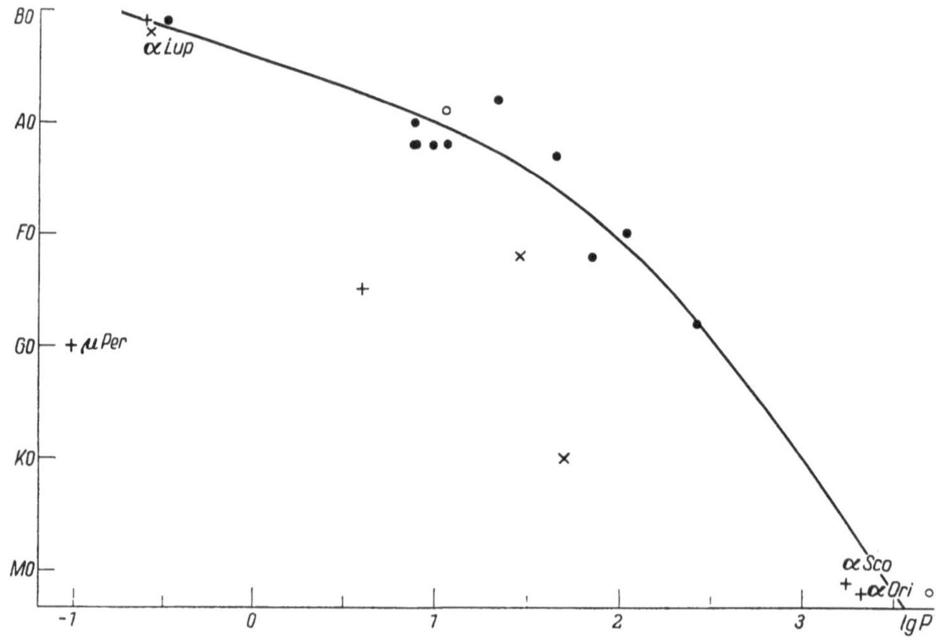

Abb. 26. Perioden-Spektrum-Beziehung der Überriesen
Überriesen der LC Ia = ● Ib = + Iab = ○ II = ×

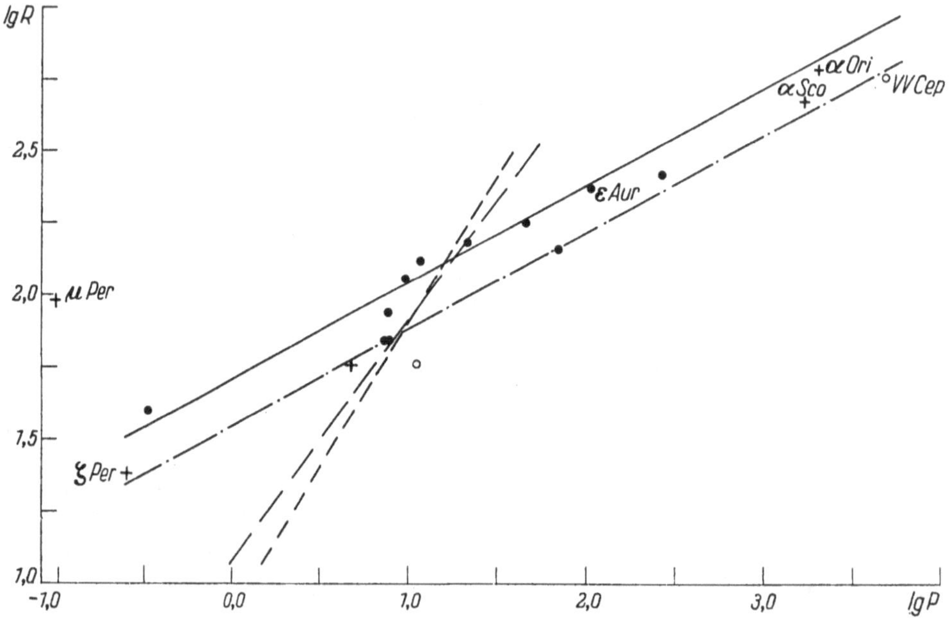

Abb. 27. Perioden-Radien-Beziehung der Überriesen
——————— Ia-Überriesen-Funktion
— · — · — Ib-Überriesen-Funktion
—— —·—— δ-Cep-Sterne nach Ferrari d'Occhieppo
— — — — — δ-Cep-Sterne nach W. Becker
Überriesen der LC Ia = ● Iab = ○ Ib = +

ausgeglichene Gerade für die Meßpunkte in Abb. 27, die den Überriesen der LC Ia, Iab und Ib in Tabelle 2 entsprechen, lautet

$$\lg R = 0.33 \lg P + 1.63.$$

Diese Funktion muß wahrscheinlich für die Ia- und Ib-Überriesen getrennt werden, wie das in Abb. 27 geschehen ist, entsprechend ihrer größeren oder kleineren absoluten Leuchtkraft, die sich ja in den strahlungsenergetischen Radien wiederfindet. Dann ergeben sich folgende Perioden-Radien-Beziehungen:

$$\text{LC Ia:} \quad \lg R \approx \frac{1}{3} \lg P + 1.71$$

$$\text{LC Ib:} \quad \lg R \approx \frac{1}{3} \lg P + 1.55 \,.$$

Wie Abb. 27 zeigt, lassen sich auch langperiodische Halbregelmäßige, wie α Sco und α Ori, in diese Funktionen einfügen, ebenso auch kurzperiodische Überriesen, obwohl die letzteren im Abschnitt VII, 5, noch gesondert betrachtet werden sollen. Auf Grund der Überlegungen über die Periodenlänge der kurzperiodischen Veränderlichen (isoperiodische Linien) im Abschnitt VII, 5, (Abb. 38) wurde ζ Per mit $P \approx 0\overset{d}{.}25$ entsprechend $\lg P \approx -0.60$ in Abb. 27 eingetragen, da meine Messungen nur $P < 1^d$ ergaben. Die Radien von α Sco und α Ori sind mittlere interferometrisch gemessene ([108], S. 55) für die trigonometrischen Parallaxen $\pi = 0\overset{''}{.}009$ (α Sco, $\bar{R} = 480\ R_\odot$) und $\pi = 0\overset{''}{.}007$ (α Ori, $\bar{R} = 620\ R_\odot$). Strahlungsenergetische Radien erschienen bei diesen beiden Sternen wegen der mangelhaften Temperaturkalibrierung bei Überriesen später Spektraltypen nicht angebracht. Ferner wurden die Radien von ε Aur [109] und VV Cep [110], wie bereits in Tabelle 2 vermerkt, aus dem Bedeckungslichtwechsel bzw. der spektroskopischen Bahn abgeleitet. Wie weiter aus Abb. 27 ersichtlich, scheinen die Iab-Überriesen im Bereich der Ib-Überriesen zu liegen. Auch scheint es gewisse Übergänge zwischen den beiden Perioden-Radien-Beziehungen zu geben, was bei der komplexen Struktur der Gruppe der Überriesen nicht verwundert. Solche Übergänge können jedoch auch durch eine zu geringe Kalibrierung der absoluten Leuchtkräfte hervorgerufen sein. In Abb. 27 sind z. B. um $\lg P = 0.9$ die Radien von vier Überriesen zu klein. Bei drei dieser Sterne weichen die absoluten Helligkeiten, die von Abt [45] mittels ihrer Zugehörigkeit zu Assoziationen bestimmt wurden, beträchtlich von dem Wert der MK-Kalibrierung, $M_v = -7.0$, nach kleineren Werten ab. Schmidt-Kaler [111] weist in seiner Arbeit über Leuchtkräfte von Überriesen mittleren und späten Spektraltyps darauf hin, daß die Ia-Überriesen sogar erheblich heller als nach der MK-Kalibrierung sind. Für Überriesen größter Leuchtkraft (Ia+) gibt er $M_v = -9.0$ an!

Die δ-Cep-Sterne, die sich fast ausschließlich aus Ib-Überriesen zusammensetzen, haben bekanntlich eine andere Perioden-Radien-Beziehung als die sonstigen Ib-Überriesen. W. Becker [112] gibt für δ-Cep-Sterne

$R = 4.0 \cdot 10^6\, P$ (R in km und auch hier als mittlerer Radius, P in Tagen)

an oder $R = 5.76\, P$ (R in $R_\odot$, P in Tagen)

bzw. $\lg R = \lg P + 0.76$;

Die Beziehung erhält BECKER durch Integration der Radialgeschwindigkeitskurven und durch Anwendung des WIENschen Strahlungsgesetzes bei 11 klassischen δ-Cep-Sternen. FERRARI D'OCCHIEPPO [113] verbessert zunächst dieses Ergebnis für Randverdunkelung $u = 0.60$ auf

$$\lg R = \lg P + 0.909 \, .$$

Diese Perioden-Radien-Beziehung ist in Abb. 27 unter „δ-Cep-Sterne nach W. BECKER" eingetragen. In der gleichen Arbeit [113] bestimmt FERRARI D'OCCHIEPPO die Radien von 24 RR-Lyrae- und δ-Cephei-Veränderlichen mittels ihrer absoluten Helligkeiten. Diese Perioden-Radien-Beziehung

$$\lg R = \frac{5}{6} \lg P + 1.082$$

erfaßt auch die Perioden $P < 2^{\mathrm{d}}.5$, also auch die RR-Lyrae-Sterne, was bei der BECKERschen Beziehung nicht der Fall war. Zu einer ähnlichen Beziehung kommt FERRARI D'OCCHIEPPO [114] auch durch Verbindung der Perioden-Dichte-Beziehung

$$P \sqrt{M/R^3} = Q$$

mit entsprechenden Sternmodellen. Seine Perioden-Radien-Beziehung ist ebenfalls in Abb. 27 eingetragen. Wie man sieht, sind die Abweichungen zwischen BECKER und FERRARI D'OCCHIEPPO nicht sehr groß.

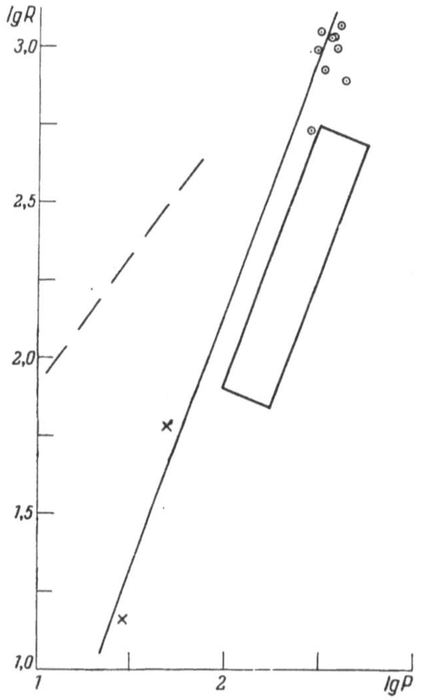

Abb. 28. Perioden-Radien-Beziehung der hellen Riesen und Mira-Sterne
× = helle Riesen
⊙ = Mira-Sterne mittels $M_{bol} = -6.0$
▭ = Mira-Sterne nach ALLEN (107)
— — = δ-Cep-Sterne

Die Funktion für die hellen Riesen ist völlig unsicher, da sie nur durch die Meßwerte von zwei Sternen gebildet werden kann (Abb. 28). Auf Grund der steigenden Potenz von P bei den Überriesen und δ-Cep-Sternen

$$R \sim P^{1/3} \quad \text{(Überriesen)},$$

$$R \sim P \quad \text{bzw.} \quad R \sim P^{\frac{2.5}{3}} \quad (\delta\text{-Cep-Sterne})$$

kann zunächst die Funktion

$$R \sim P^{5/3}$$

angenommen werden. Die bei ALLEN [107] tabulierten Mira-Veränderlichen liegen etwa parallel zu dieser Funktion (Abb. 28). Ferner sind noch für neun Mira-Sterne, deren effektive Temperaturen in [105], S. 406, und [115], S. 200, nach PETIT und NICHOLSON tabuliert sind, für die Mitte des Temperaturintervalls, was etwa dem größten Radius entspricht, strahlungsenergetische Radien berechnet worden unter der Annahme, daß nach [105], S. 406, die absoluten bolometrischen Helligkeiten aller Mira-Sterne bei etwa $M_{bol} \quad -6$ liegen. Auch diese strahlungsenergetischen

Radien liegen mit $\lg R \approx 3.0$ auf dieser Funktion (Abb. 28). Ordnet man diesen neun Mira-Sternen auf Grund ihrer Perioden entsprechende absolute Helligkeiten M_v zu [105], S. 404, und wandelt diese mittels geeigneter, wenn auch sehr unsicherer, bolometrischer Korrektionen, die etwa zwischen $-2\overset{m}{.}7$ und $-4\overset{m}{.}6$ liegen, in absolute bolometrische Helligkeiten M_{bol} um, dann lassen sich für diese Mira-Sterne Radien berechnen, die von $\lg R \approx 2.3$ bis $\lg R \approx 3.0$ etwa entlang der Funktion der hellen Riesen liegen. Aus all dem darf geschlossen werden, daß 1. die für die hellen Riesen angenommene Funktion $R \sim P^{5/3}$ eine durchaus mögliche Perioden-Radien-Beziehung ist und 2. die Mira-Sterne trotz der leider nur ungenau bekannten Radien wahrscheinlich helle Riesen sind. Das zweite Ergebnis kann übrigens auch aus den M_v und M_{bol} der Mira-Sterne geschlossen werden.

In Abb. 28 ist die Perioden-Radien-Beziehung der hellen Riesen und Mira-Sterne als lineare Funktion

$$\lg R = \frac{5}{3} \lg P - 1.2$$

eingetragen. Dieselbe Perioden-Radien-Beziehung, mit einem anderen konstanten Glied, ergibt sich auch bei einem Teil der kurzperiodischen Veränderlichen in Abschnitt VII, 5.

Trotz der Unsicherheit bei den hellen Riesen ist es interessant festzustellen, daß bei den Perioden-Radien-Beziehungen der Überriesen die Potenz von P systematisch zunimmt. Man ist versucht, hieraus den Schluß zu ziehen, daß die Variabilität sämtlicher Überriesen von einer einheitlichen Ursache aus gesteuert wird und — was wohl als selbstverständlich angenommen werden darf — daß zwischen den Unterklassen der Überriesen eine enge Verwandtschaft besteht.

Der einzige Überriese, der sich in keine dieser Perioden-Radien-Beziehungen einfügt, ist μ Per (G0 Ib). Für ihn beachte man das im Abschnitt VI, 2, unter Nr. 153 Gesagte.

3. Riesensterne

Das Programm enthält ohne γ Boo und λ And:

LC II–III:	3 Sterne
III:	48 Sterne
III–IV:	3 Sterne.

Von diesen 54 Riesen haben 14 Helligkeitsänderungen, das sind 26%. Tabelle 3 gibt in der bekannten Form (siehe Vorbemerkung) einige Zustandsgrößen für 16 mikrovariable Riesen. Ähnlich wie bei den Überriesen ist auch die Perioden-Helligkeits-Beziehung der Riesen ohne Besonderheiten (Abb. 29). Die Sterne liegen bei $M_v = 0$ parallel zur Abszisse, die Mitglieder der LC II–III etwas darüber und die der LC III–IV entsprechend darunter. Die Ergebnisse für die Perioden-Helligkeits-Beziehung zeigen also, daß diese für Sterne oberhalb der Hauptreihe keine Bedeutung hat, solange es sich nicht um spezielle Veränderlichensequenzen handelt. Die Perioden-Helligkeits-Beziehung stellt also unter den Sternen oberhalb der Hauptreihe kein allgemeingültiges Gesetz dar.

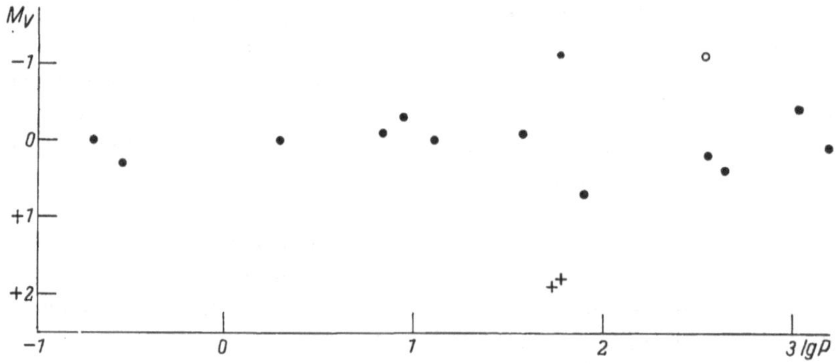

Abb. 29. Perioden-Helligkeits-Beziehung der Riesen

Riesen der LC II − III = ○
III = ●
III − IV = +

Die Perioden-Spektrum-Beziehung (Abb. 30) wird durch die K-Riesen und bei $P > 100^d$ durch die G-Riesen bestimmt. Ab $P > 10^d$ scheint die Periode um so größer, je früher der Spektraltyp ist. Ein solcher Zusammenhang tritt auch bei den Hauptreihensternen auf. Von K und G abweichende Spektraltypen streuen erheblich um diese Beziehung. Ob man zu ihrer Deutung eventuell auch die komplexe Natur der Perioden-Radien-Beziehung hinzuziehen muß, läßt sich hier aus Mangel an geeigneten Sternen nicht feststellen.

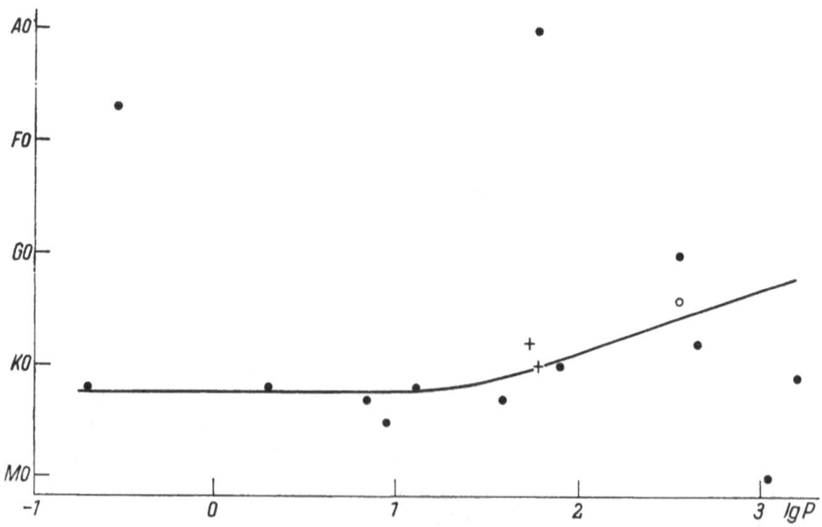

Abb. 30. Perioden-Spektrum-Beziehung der Riesen

Riesen der LC II − III = ○
III = ●
III − IV = +

Tabelle 3

Stern	Spektrum	M_v	P	lg P	A	M_{bol}	lg R	R	Anm.
ο UMa	G4 II–III	−1.1	358ᵈ0	2.55	0ᵐ08	−1.4	1.389	24	
α Dra	A0 III	−1.1	61	1.78	0.06	−1.9	0.738	5	
γ Boo	A7 III	+0.3	0.2903	−0.54	0.05	+0.1	0.609	4	+
α Aur	G5 III	+0.12	366.0	2.56	0.15	0.0	0.997	10	++
β Boo	G8 III	+0.4	450	2.65	0.06	+0.1	1.138	14	
κ Cyg	K0 III	+0.7	79.0	1.90	0.04	+0.2	1.159	14	
α UMa	K1 III	+0.1	1600	3.20	0.06	−0.5	1.346	22	
ι Dra	K2 III	0.0	13	1.11	0.06	−0.7	1.433	27	
κ Lyr	K2 III	0.0	2	0.30	0.07	−0.7	1.433	27	
τ Gem	K2 III	0.0	0.2:	−0.70	0.06	−0.7	1.433	27	
δ And	K3 III	−0.1	7:	0.84	0.06	−1.0	1.524	33	
ϱ Boo	K3 III	−0.1	38	1.58	0.07	−1.0	1.524	33	
31 Lyn	K5 III	−0.3	9	0.95	0.06	−1.4	1.625	42	
λ Dra	M0 III	−0.4	1100	3.04	0.09	−1.9:	1.779	60	
λ And	G8 III–IV	+1.9	54	1.73	0.39	+1.6	0.786	6	+++
46 LMi	K0 III–IV	+1.8	60	1.78	0.04	+1.4	0.920	8	

Anmerkungen zu Tabelle 3:

+ = bereits als kurzperiodischer Veränderlicher bekannt [15]
++ = Radius für die hellere Komponente (G5 III) berechnet [54]
+++ = bekannter Veränderlicher [15]

Die Perioden-Radien-Beziehung der Riesen ist, wie eben gesagt, komplexer Natur (Abb. 31). Die eine Gruppe läßt sich angenähert durch die lineare Funktion

$$\lg R = \frac{3}{7} \lg P + 0.13$$

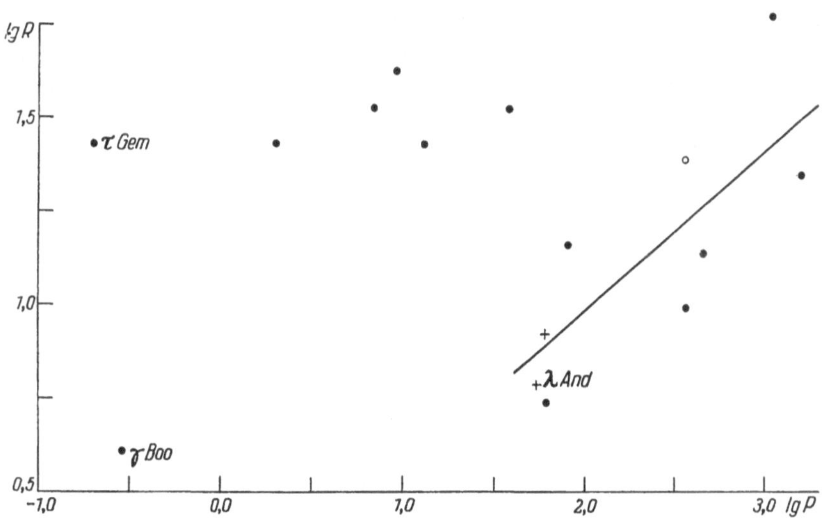

Abb. 31. Perioden-Radien-Beziehung der Riesen
Riesen der LC II – III = ○
III = ●
III – IV = +.

darstellen. Die Steigung ihrer Perioden-Radien-Beziehung ist also etwa halb so groß wie die der δ-Cep-Sterne.

Die andere Gruppe sind K-Riesen mit $R \approx 30\ R_\odot$ und Perioden zwischen 2 und 40 Tagen, die sonst keine funktionelle Abhängigkeit zur Periode zeigen.

Die Kurzperiodischen mit $P < 1^d$ sollen hier nicht interessieren. Die Potenzfunktion der ersten Gruppe läßt sich bis zu Perioden $P = 1000^d$ mit guter Näherung durch die Gerade

$$R = 7.0 + 0.023\ P$$

mit P in Tagen und R in $R_\odot$

darstellen (Abb. 32). Für $P > 1000^d$ sind die Abweichungen bedeutungslos, da diese großen Perioden doch recht selten vorkommen.

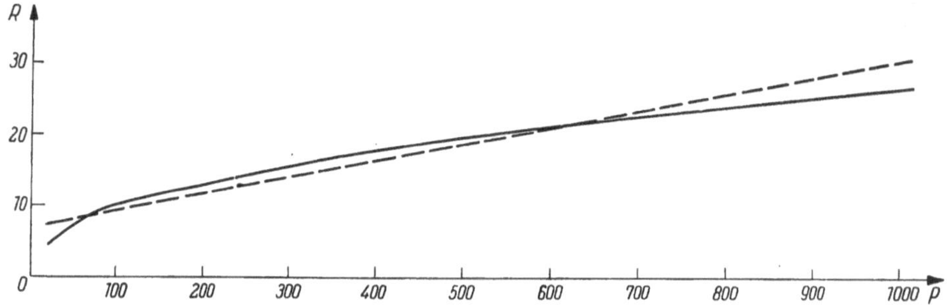

Abb. 32. Näherungsfunktion für die P-R-Beziehung der Riesen
——— P-R-Beziehung
— — — Näherungsfunktion

Das Interessante an der Perioden-Radien-Beziehung der Riesen ist, daß sie keine systematische Fortsetzung der Perioden-Radien-Beziehung der Überriesen durch weitere Steigerung der Potenz von P darstellt. Das legt die Vermutung nahe, daß sich beide Sterntypen in ihrem inneren Aufbau immerhin soweit unterscheiden, daß die Beziehungen der Periode zu Radius und effektiver Temperatur (Spektraltyp) geändert werden. Die nächste Gruppe der Unterriesen und Hauptreihensterne wird diesen Unterschied noch bestätigen.

4. Unterriesen, Hauptreihensterne und ähnliche

Das Programm enthält:

LC IV :	11 Sterne
IV–V:	2 Sterne
V :	38 Sterne
ohne Angabe der LC:	14 Sterne,
ferner:	6 p-Sterne
	3 Am-Sterne.

Die 14 Sterne ohne Angabe der LC sind nach ihrem Mt.-Wilson-Spektraltyp oder nach ihrer Lage im H-R-Diagramm ebenfalls als Hauptreihensterne zu bezeichnen.

Von den 13 Unterriesen ist einer veränderlich. Das entspräche 8%. Trotz der geringen statistischen Möglichkeiten mit so kleinen Zahlen scheint es unter den

Unterriesen weniger Veränderliche zu geben als unter den anderen Gruppen. Von den insgesamt 52 Hauptreihensternen sind 12 veränderlich oder 23%, ferner zwei Drittel der p-Sterne und ein Drittel der Am-Sterne. Bezüglich der Am-Sterne sei auf die Arbeit von ABT [100] verwiesen. Danach darf angenommen werden, daß fast alle diese Sterne spektroskopische Doppelsterne sind und eine Veränderlichkeit auch durch Bedeckungen hervorgerufen werden kann. Leider ist das, wie schon unter Nr. 77 im Katalog II vermerkt, für den einen Am-Veränderlichen ζ^1 Lyr nicht mit Sicherheit nachweisbar.

Für die nun folgenden Beziehungen enthält Tabelle 4 einige Zustandsgrößen von 16 Sternen, wobei einer (21 Comae) neu hinzugefügt und drei Programmsterne (φ Per, ζ Lyr, ξ UMa) weggelassen wurden, weil bei ihnen für diese Untersuchung nicht zweckentsprechende Verhältnisse vorliegen. Tabelle und Abbildungen enthalten zwar auch Sterne mit $P < 1^d$, über diese wird aber erst im nächsten Abschnitt diskutiert.

Im Gegensatz zu den Sternen oberhalb der Hauptreihe existiert für die Hauptreihensterne eine Perioden-Helligkeits-Beziehung (Abb. 33) in der Gleichung

$$M_v = +6.8 - 4.5 \lg P .$$

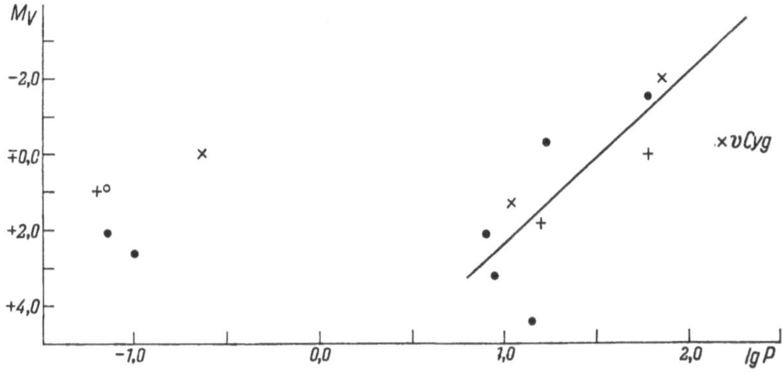

Abb. 33. Perioden-Helligkeits-Beziehung der Hauptreihensterne
○ = Unterriese (LC IV)
● = Hauptreihensterne (LC V)
+ = Hauptreihensterne ohne Bestimmung der LC
× = p-Sterne

Die absolute visuelle Helligkeit ist demnach um so größer, je länger die Periode ist.

Eine Perioden-Spektrum-Beziehung ist ebenfalls ausgeprägt (Abb. 34). Wie bei den G-Riesen bereits angedeutet, gilt besonders für die Hauptreihensterne: Je länger die Periode, um so früher der Spektraltyp. Dies ist eine Perioden-Spektrum-Beziehung, wie sie sonst nur noch bei den β-CMa-Sternen vorzufinden ist (Abb. 39), einer Veränderlichensequenz kurzperiodischer Sterne, die sich wahrscheinlich erst vor einigen 10^4 bis 10^5 Jahren von der Hauptreihe entfernt haben.

Die Perioden-Radien-Beziehung (Abb. 35) liegt etwa parallel zu der der Riesensterne. Das konstante Glied ist hier kleiner, entsprechend den kleineren Radien.

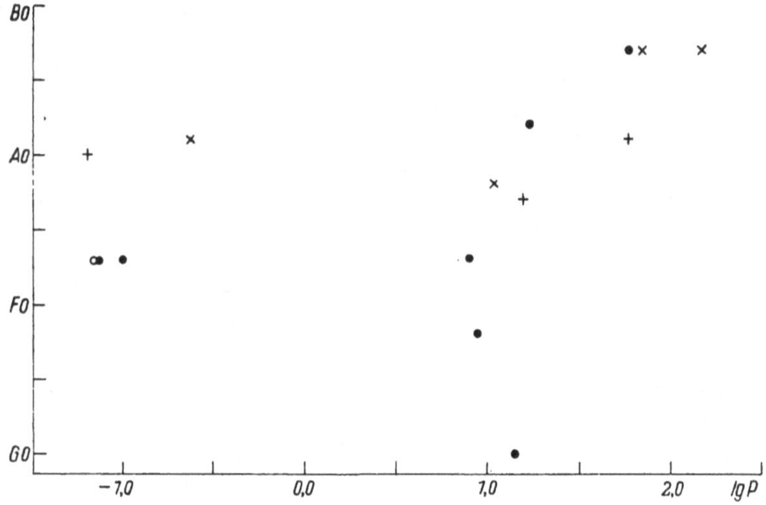

Abb. 34. Perioden-Spektrum-Beziehung der Hauptreihensterne
○ = Unterriese (LC IV)
● = Hauptreihensterne (LC V)
+ = Hauptreihensterne ohne Bestimmung der LC
× = p-Sterne

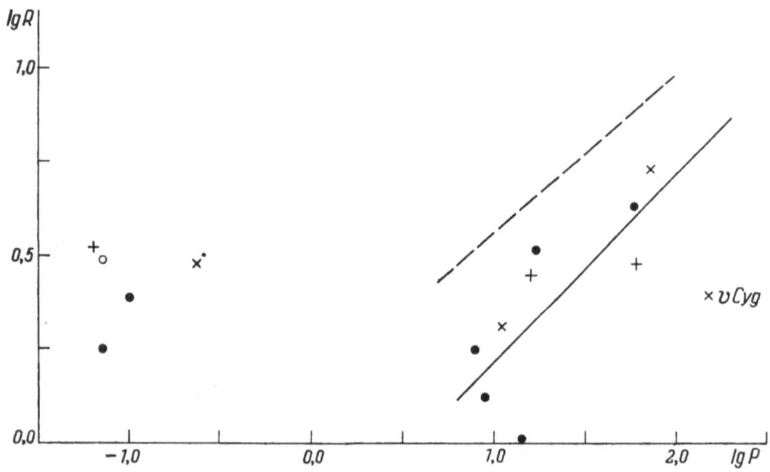

Abb. 35. Perioden-Radien-Beziehung der Hauptreihensterne
○ = Unterriese (LC IV)
● = Hauptreihensterne (LC V)
+ = Hauptreihensterne ohne Bestimmung der LC
× = p-Sterne
– – – = P-R-Beziehung der Riesen

Tabelle 4

Stern	Spektrum	M_v	P	lg P	A	M_{bol}	lg R	R	Anm.
$\varkappa^2$ Boo	A7 IV	+0.9	0.070	−1.16	$\leqq 0^m.06$	+0.7	0.490	3.1	
ξ Per	O7	−5.4	< 1		0.05	−9.3:	1.035	10.8	
48 Per	B3p	−2.0	72	+1.86	0.09	−4.0	0.735	5.4	
η UMa	B3 V	−1.5	60.5	+1.78	0.08	−3.5	0.635	4.3	
v Cyg	B3p	−0.3	150:	+2.18	0.03	−2.3	0.395	2.5	
ι And	B8 V	−0.3	17	+1.23	0.04	−1.4	0.518	3.3	
φ Her	B9p	0.0	0.2350	−0.628	0.03	−0.9	0.481	3.0	
$\varkappa$ UMa	B9n	0.0	62	+1.79	0.05	−0.9	0.481	3.0	+
21 Lyn	A0	0.0	0.0625	−1.20	0.02	−0.8	0.518	3.3	
21 Com	A2sp	+1.3	11	+1.04	0.013	+0.8	0.316	2.1	
33 Cyg	A3	+0.8	16	+1.20	0.05	+0.4	0.449	2.8	
μ^1 Boo	dA7n	+2.1	7.9	+0.90	0.05	+1.9	0.250	1.8	
ι UMa	A7 V	+2.1	0.071	−1.15	0.025	+1.9	0.250	1.8	
21 LMi	A7 V	+1.6	0.10	−1.00	0.05	+1.4	0.390	2.5	
σ Boo	F2 V	+3.2	9:	+0.95	0.04	+3.2	0.122	1.3	
β CVn	G0 V	+4.4	14:	+1.15	0.05	+4.4	0.010	1.0	

Anmerkung zu Tabelle 4:

+ = Die Berechnung des Radius erfolgte für eine der etwa gleich hellen Komponenten. Siehe auch Katalog II, Stern Nr. 18

Die Funktion lautet

$$\lg R = \frac{1}{2} \lg P - 0.29 \,.$$

Selbstverständlich läßt sich auch hier die numerische Form in guter Näherung durch eine Gerade darstellen, die ebenfalls etwa parallel zur Geraden der Riesen liegt:

$$R = 1.5 + 0.026 \, P \,.$$

Zur Ausgleichung der Geraden in den Abb. 33 und 35 ist v Cyg nicht mit benutzt worden, weil dieser eine für p-Sterne sehr geringe absolute Helligkeit hat. Hauptreihensterne unterscheiden sich demnach nur sehr wenig von den Riesensternen. Beide Gruppen haben eine fast gemeinsame Perioden-Radien-Beziehung von der Form

$$R \sim \sqrt{P} \,.$$

Man kann deshalb vermuten, daß beide Gruppen miteinander verwandt sind, vielleicht, wie es beim heutigen Entwicklungsweg angenommen wird, daß sich die Riesen aus den Hauptreihensternen entwickelt haben. Erhärtet wird diese Annahme noch durch Abb. 36. Diese zeigt die Hauptreihe für das Alter 0 (Ende des Kontraktionszustandes) bzw. nach der Neukalibrierung des MK-Systems an sehr jungen Sternhaufen und Assoziationen nach Johnson und Hiltner [13], ferner die jetzige Hauptreihe nach der MK-Kalibrierung und 15 Hauptreihensterne. Es sind dies alle Hauptreihensterne, die mir durch meine eigene Arbeit oder durch Veröffentlichungen anderer als mikrovariabel in Helligkeit oder Spektrum bekannt geworden sind. In Abb. 36 sind also auch die kurzperiodischen Hauptreihensterne des nächsten Abschnittes mit eingetragen. Weggelassen wurde 42 Cam (B3), weil seine absolute Helligkeit M_v nicht „normal“ im Sinne dieser Untersuchung ist; sie liegt noch $0^m.8$ unter der Hauptreihe für das Alter 0.

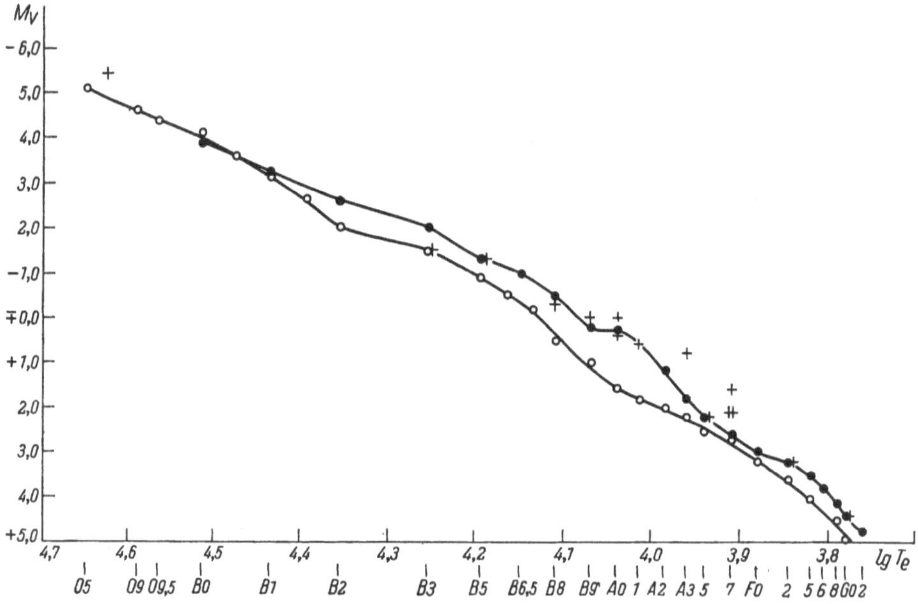

Abb. 36. H-R-Diagramm für die Veränderlichen der Hauptreihe
—○—○— Hauptreihe für Alter 0
—●—●— Hauptreihe jetzt (nach MK)
+ Hauptreihensterne

Von den 15 in Abb. 36 eingetragenen Sternen liegt nur ein einziger unter und außerhalb der Fehlergrenze (etwa $\pm 0^m.3$) der MK-Hauptreihe. Etwa fünf, also ein Drittel dieser Sterne, haben sich bereits mehr als $-0^m.3$ von der Hauptreihe entfernt und liegen bereits im Gebiet der Riesen und Unterriesen, wie man aus Abb. 2 über das H-R-Diagramm meiner Programmsterne entnehmen kann. Aus diesem Diagramm ersieht man auch, daß sich 9 Hauptreihensterne merklich von der Hauptreihe entfernt haben, wovon fünf, also die Hälfte, zu meinen Veränderlichen gehören. Die Frage lautet nun: Darf man das Ergebnis als gesichert betrachten, daß ein erheblicher Prozentsatz der Sterne, die sich von der Hauptreihe entfernen, mikrovariabel in Helligkeit oder Spektrum wird? Diese Frage kann durch eine Prüfverteilung gelöst werden:

Nimmt man an, daß für die Grundgesamtheit der Hauptreihensterne für jedes Temperaturintervall ΔT_e der dazugehörige Mittelwert μ der absoluten visuellen Helligkeit M_v gegeben ist durch die MK-Kalibrierung der LC V (Hauptreihe), dann kann gesetzt werden

$$\mu = 0 ,$$

wenn die absoluten Helligkeiten M_v der 15 in Abb. 36 eingetragenen veränderlichen Hauptreihensterne als Differenzen ΔM_v zur Hauptreihe angegeben werden. Der Mittelwert μ' der ΔM_v beträgt für die 15 Sterne

$$\mu' = -0^m.213 .$$

Die Nullhypothese lautet dann: μ' weicht nur zufällig um $-0\overset{m}{.}213$ von $\mu = 0$, also von der Hauptreihe, ab. Mittels der t-Verteilung kann die Abweichung der beiden Mittelwerte auf Signifikanz geprüft werden. Mit dem mittleren Fehler s der ΔM_v

$$s = \pm 0\overset{m}{.}423$$

und $N = 15$ wird

$$t = \frac{\mu' - \mu}{s} \sqrt{N}$$

$$t = 1.95 .$$

Da bei diesem Problem nur gefragt wird, ob eine Abweichung von der Hauptreihe im Sinne des Entwicklungsweges, also nach oben rechts zu größeren M_v, vorhanden ist, so liegt einseitige Fragestellung vor. Außerdem genügt eine Sicherheitsgrenze von 95%, da hier nur die Tendenz einer Entwicklung geprüft werden kann. Aus der Tafel für die t-Verteilung [22] findet man für $N - 1 = 14$ Freiheitsgrade

$$t = 1.76 .$$

Das errechnete $t = 1.95$ ist also signifikant größer, und die Nullhypothese ist zu verwerfen. Damit darf als gesichert gelten, daß viele Sterne, die sich im Laufe ihrer Entwicklung von der Hauptreihe entfernen und in das Gebiet der Riesen abwandern, schwach variabel in Helligkeit oder Spektrum werden. Aus diesem Grunde dürfte es auch als verständlich erscheinen, daß Hauptreihensterne, Unterriesen und Riesen einige gemeinsame Beziehungen aufweisen und sich besonders in der Perioden-Radien-Beziehung wesentlich von den Überriesen unterscheiden. Einschränkend muß hier noch gesagt werden, daß bei dieser Prüfung nur das Gebiet zwischen O7 und G0 der Hauptreihe betrachtet wurde. Für Hauptreihensterne später als G0 liegen weder Programmsterne noch Messungen anderer vor. Außerdem gilt es noch zu bemerken, daß die Hauptreihe nach der MK-Kalibrierung (LC V) bereits selbst einen Mittelwert für verschieden weit entwickelte Sterne darstellt. Gegenüber der Hauptreihe für das Alter 0 ist das Ergebnis auf jeden Fall signifikant. Daher ist es auch verständlich, daß die Mehrheit der mikrovariablen Hauptreihensterne noch im unmittelbaren Bereich der jetzigen Hauptreihe liegt.

5. Kurzperiodische Veränderliche

Unter den drei bisher untersuchten Gruppen von Sternen waren stets einige kurzperiodische Veränderliche (abgekürzt: Kp). Diese ließen sich nie in die Beziehungen zwischen Periode und einem anderen Parameter einordnen. Ich habe deshalb alle mir bekannten Kp in Tabelle 5 nach dem Spektraltyp geordnet und gesondert untersucht. Eine Ausnahme bildeten die β-Cep-Sterne. Diese sind so genau untersucht, daß es genügte, nur einige für meine Zwecke zu benutzen.

Bei der Untersuchung habe ich mich von folgender Vorstellung leiten lassen: Die β-Cep-Sterne sind vor einigen 10^4 bis 10^5 Jahren von der Hauptreihe abgewandert und befinden sich jetzt in einem instabilen Zustand, der den kurzperiodischen Lichtwechsel bzw. die Veränderungen im Spektrum bewirkt. Infolge der geringen, seit der Abwanderung verstrichenen Zeit, befinden sich diese Sterne noch in der Nachbarschaft der Hauptreihe. Diese Entwicklung gilt offensichtlich für frühe

Tabelle 5

Stern	Spektrum	M_v	P	lg P	M_{bol}	lg R	R	Anm.
ξ Per	O7	−5.4	$<1^{d}$		−9.3:	1.035	10.8	
ξ^1 CMa	B0.5 IV	−4.8	0.20957	−0.678	−7.4:	1.180	15.1	+
κ Cas	B1 Ia	−6.9	0.33	−0.48	−9.3	1.601	40	(+)
ζ Per	B1 Ib	−5.8	<1		−8.2	1.381	24	
β CMa	B1 II−III	−5.2	0.2500	−0.602	−7.6	1.281	19.1	+
σ Sco	B1 III	−4.8	0.24683	−0.607	−7.2	1.181	15.2	+
α Lup	B2 II	−5.4	0.25988	−0.585	−7.6	1.351	22	+
BW Vul	B2 III	−4.4	0.20103	−0.696	−6.6	1.151	14.1	+
ν Eri	B2 III	−4.2	0.17351	−0.760	−6.4	1.046	11.1	+
δ Cet	B2 IV	−3.6	0.1612	−0.792	−5.8	0.991	9.8	+
γ Peg	B2.5 IV	−3.15	0.1513	−0.819	−5.25	0.931	8.5	+
42 Cam	B3	−0.7	0.1385	−0.858	−2.7	0.475	3.0	M
HR 8731	B5 ne	−1.3	0.80	−0.097	−2.9	0.639	4.4	++
Maia	B7 III	−1.7	0.17:	−0.77	−3.0	0.767	5.8	vM
φ Her	B9 p	0.0	0.2350	−0.629	−0.9	0.481	3.0	M
21 Lyn	A0	0.0	0.0625	−1.204	−0.8	0.518	3.3	T
α Lyr	A0 V	+0.4	0.07	−1.155	−0.4	0.438	2.7	T
β UMa	A1 V	+0.6	0.31234	−0.505	0.0	0.424	2.7	M
γ UMi	A3 II−III	−0.6	0.14335	−0.843	−1.0	0.732	5.4	vvM
80 UMa	A5 V	+2.2	0.155	−0.809	+1.9	0.196	1.6	T
γ Boo	A7 III	+0.3	0.2903	−0.537	+0.1	0.609	4.1	M
κ^2 Boo	A7 IV	+0.9	0.070	−1.155	−0.2	0.490	3.1	T
21 LMi	A7 V	+1.6	0.10	−1.0	+1.4	0.390	2.5	T
ι UMa	A7 V	+2.1	0.071	−1.149	+1.9	0.250	1.8	T
δ Aql	F0 IV−V	+2.3	0.157	−0.803	+2.2	0.248	1.8	T
τ Cyg	F0 IV	+2.2	0.1425	−0.845	+2.1	0.268	1.8	T
μ Per	G0 Ib	−4.5	0.096	−1.02	−4.7	1.982	96	
τ Gem	K2 III	0.0	0.2:	−0.70	−0.7	1.433	27	

Anmerkungen zu Tabelle 5:

Die Spalte „Amplituden" wurde weggelassen
+ = β-Cep-Veränderliche
(+) = vielleicht β-Cep-Stern?
++ = HR 8731 = HD 217050
v = Maia = 20 Tau
vv = Spektroskopische Periode = $0\overset{d}{.}10844$
M = Mitglieder der hypothetischen Maia-Sequenz
T = Mitglieder der hypothetischen τ-Cygni-Sequenz

B-Sterne. Da aber für alle Sterne eine einigermaßen gleiche Entwicklung angenommen wird, so müßten auch bei anderen Spektraltypen in der Nachbarschaft der Hauptreihe Kp auftreten. Dabei muß man aber bedenken, daß die physikalischen und chemischen Äußerungen solcher Sterne zu einem irdischen Beobachter hin anderer Natur sein können als bei einem β-Cep-Stern, ist doch z. B. auf der Hauptreihe zwischen einem B0- und einem A0-Stern auch ein erheblicher Unterschied vorhanden. Tatsächlich gibt es anschließend an die Sequenz der β-Cep-Veränderlichen bis zum Spektraltyp F0 15 solche Kp. Bei diesen Sternen fällt auf, daß sie der Hauptreihe näher liegen als β-Cep-Sterne (Abb. 37). Ja, die Hälfte von ihnen sind sogar Hauptreihensterne. Zeichnet man für sämtliche Kp isoperiodische Linien in das H-R-Diagramm (Abb. 38), dann erkennt man, daß diese Linien im Spektralgebiet F stark gegen die Hauptreihe konvergieren, wahrscheinlich als Folge der langsameren Entwicklung der Sterne späteren Spektraltyps, da diese sonst sehr lange Zeiten im kurzperiodischen instabilen Zustand verweilen müßten. Wenn dieser Schluß richtig ist, dann ist es auch selbstverständlich, daß unter den Kp der Spektralklassen A und F viele sein können, die noch die typischen Merkmale von Hauptreihensternen aufweisen, während bei den späten Spektralklassen infolge der großen Verweilzeiten auf der Hauptreihe noch keine Kp entstanden sein können.

Leider ist es aber doch sehr schwierig, alle diese Sterne unter einheitlichen Gesichtspunkten betrachten zu wollen. Vier Kp vom Hauptreihentyp, ein p-Stern (φ Her) und ein Unterriese lassen sich nicht in die isoperiodischen Linien einordnen, und das Perioden-Spektrum-Diagramm (Abb. 39) zeigt nur die β-Cep-Sequenz mit $\varkappa$ Cas als Fortsetzung zu längeren Perioden, sonst erscheint es recht diffus. Dagegen zeigt das Perioden-Helligkeits-Diagramm (Abb. 40) deutlich drei Gruppen. Oben befindet sich wieder die β-Cep-Sequenz mit $\varkappa$ Cas. Darunter bei $M_v = 0.0$ eine zweite Gruppe von fünf Sternen. Zu ihr gehört sicher auch Maia (20 Tauri). Maia wurde von JOHNSON und MORGAN (1953) mit $M_v = -2.0$ kalibriert und von PETRIE (1953) mittels der Intensität der Hγ-Linie mit $M_v = -1.1$ (Literatur unter [116]).

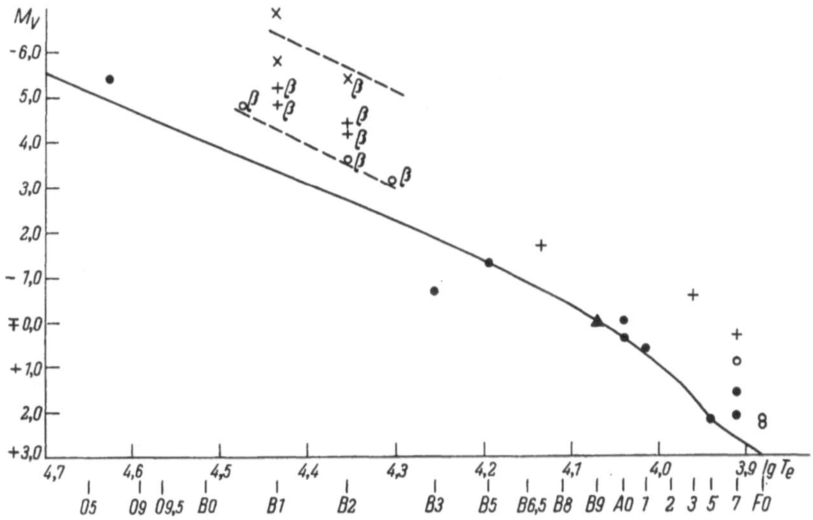

Abb. 37. Kurzperiodische Veränderliche im H-R-Diagramm

——— jetzige Hauptreihe

● Hauptreihensterne

▲ p-Stern

○ Unterriesen

\+ Riesen

× Überriesen

β β-Cep-Veränderliche

– – – β-Cep-Sequenz

Ein für diese beiden Werte günstiger Mittelwert $M_v = -1.7$ ergibt sich aus $m_v = 3.70$ nach MENDOZA [117] und der Parallaxe $\pi = 0\overset{''}{.}008$, die nach BEHR [10] für die Plejaden einen guten Mittelwert darstellt. $M_v = -1.7$ wurde daher auch für Maia als absolute Helligkeit benutzt. Der K2-Riese τ Gem liegt nur zufällig in dieser Gruppe. Sonst fügt er sich in keines der Diagramme ein. Ähnliches gilt auch für den Überriesen μ Per. Für beide beachte man daher die bereits in Katalog II ausgesprochene Vermutung, daß die Helligkeitsänderungen dieser Sterne nicht durch Pulsationen entstehen, sondern wahrscheinlich durch temporäre Schwingungen oder Opazitätsänderungen der Sternatmosphäre. Auch HR 8731 = HD 217050 gehört in keinem der Diagramme zu dieser zweiten Gruppe und darf ebenfalls nicht als pulsierender Stern angesehen werden. Nach WALKER [118] werden seine Helligkeits-

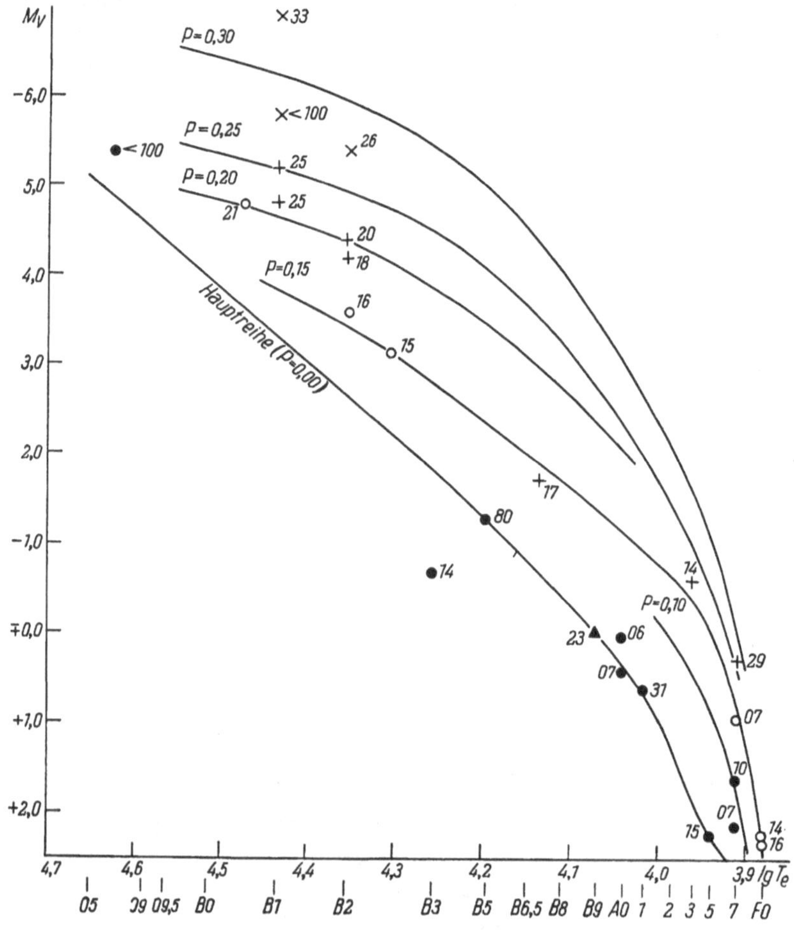

Abb. 38. Isoperioden für die kurzperiodischen Veränderlichen

× Überriesen

\+ Riesen

○ Unterriesen

● Hauptreihensterne

▲ p-Stern

Perioden in 0.01 Tagen

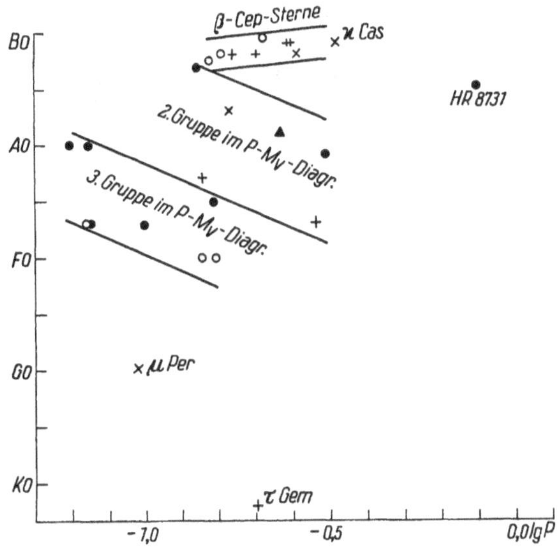

Abb. 39. Perioden-Spektrum-Beziehung der Kurzperiodischen
× Überriesen
+ Riesen
○ Unterriesen
● Hauptreihensterne
▲ p-Stern

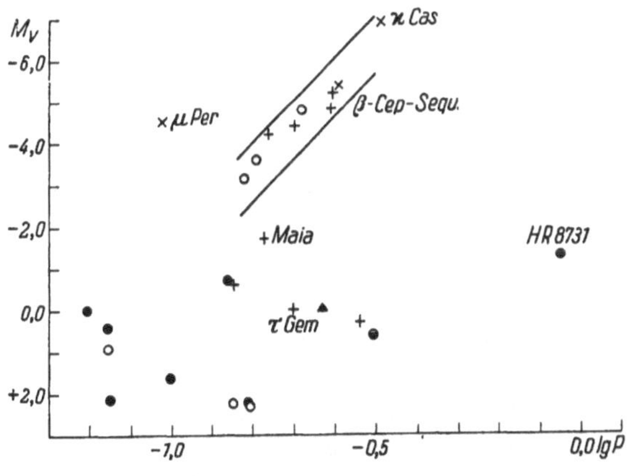

Abb. 40. Perioden-Helligkeits-Beziehung der Kurzperiodischen
× Überriesen
+ Riesen
○ Unterriesen
● Hauptreihensterne
▲ p-Stern

schwankungen von bis zu $0^m.20$ vielleicht durch dunkle Flecken in Verbindung mit der Rotation des Sterns verursacht.

Leider tritt diese zweite Gruppe nur im Perioden-Helligkeits-Diagramm einheitlich auf. Sie besitzt kaum eine Perioden-Spektrum- noch eine Perioden-Radien-Beziehung (Abb. 41). Ihre Perioden-Helligkeits-Beziehung muß daher fast als zufällig betrachtet

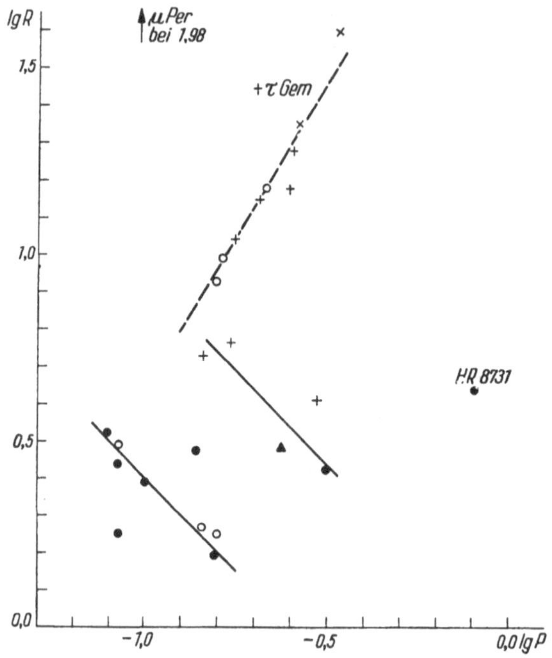

Abb. 41. Perioden-Radien-Beziehung der Kurzperiodischen
× Überriesen
+ Riesen
○ Unterriesen
● Hauptreihensterne
▲ p-Stern
– – – P-R-Beziehung der β-Cep-Sequenz
—— P-R-Beziehung der τ-Cyg-Sequenz und der Maia-Sequenz ?

werden. Dagegen ist die dritte Gruppe in allen Beziehungen recht einheitlich aufgebaut. Sie erstreckt sich von $M_v = 0.0$ bis $M_v = +2.3$, tritt im Perioden-Radien-Diagramm mit $\lg R = -\lg P - 0.6$, also mit einer bisher noch nicht aufgetretenen Abhängigkeit zwischen P und R, in Erscheinung und besitzt auch noch eine schwach ausgeprägte Beziehung zwischen Periode und Spektrum. Ich habe (Abb. 42) in einem H-R-Diagramm nochmals die beiden letzten Gruppen dargestellt, nämlich durch Kreuze die etwas fragliche Gruppe um $M_v = 0.0$, hier, wie schon in der Literatur geschehen [119], als Maia-Sequenz bezeichnet, und durch Kreise die gut definierte Gruppe, hier τ-Cygni-Sequenz genannt, weil τ Cyg die am genauesten bestimmte Periode hat. Maia ist übrigens ein sehr schlechter Namensgeber seiner Sequenz, da sein Lichtwechsel nur sehr grob bekannt ist, hingegen sind beispiels-

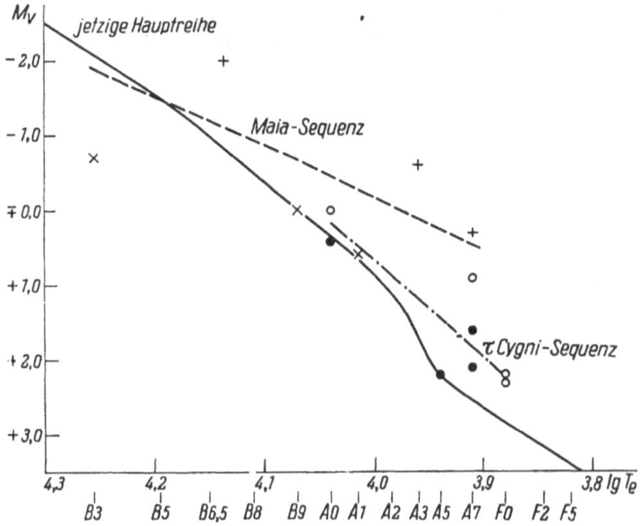

Abb. 42. Maia-Sequenz und τ-Cyg-Sequenz im H-R-Diagramm

+ Riesen	}	der Maia-Sequenz
× Hauptreihensterne		
○ Unterriesen	}	der τ-Cygni-Sequenz
● Hauptreihensterne		

weise die Perioden von γ UMi und γ Boo gut bestimmt. Bei γ UMi ist übrigens die Periode des Lichtwechsels um $0\overset{d}{.}035$ größer als die spektroskopische Periode [37, 55, 120], was bei β-Cep-Sternen nie auftritt. Ob diese beiden Sequenzen tatsächlich in der Form existieren, in der ich sie hier dargestellt habe, oder vielleicht doch ein einheitliches Ganzes bilden, kann wegen des geringen Materials nicht entschieden werden.

Von Interesse ist vielleicht noch eine Bemerkung über die Perioden-Radien-Beziehung. Riesen und Hauptreihensterne besitzen eine solche Beziehung von der Form

$$R \approx a \cdot \sqrt{P}$$

oder näherungsweise

$$R \approx c + 0.026\, P\,,$$

wobei der Proportionalitätsfaktor a bzw. die Konstante c von der absoluten Leuchtkraft abhängig sind.

Wenn die Kp aus der Hauptreihe abwandernde Sterne sind, müßte ihre Perioden-Radien-Beziehung einer ähnlichen Gleichung genügen. Aber merkwürdigerweise lautet diese Beziehung für die τ-Cyg-Sequenz

$$\lg R = -\lg P - 0.6\,,$$

d. h. also, der Radius ist umgekehrt proportional zur Periode

$$R \sim \frac{1}{P}\,.$$

Auch die Maia-Sequenz könnte eine Perioden-Radien-Beziehung von der gleichen Form haben (Abb. 41).

Diese Gleichung wirft die Frage auf, ob hier tatsächlich eine vermutete Fortsetzung der β-Cep-Sequenz vorhanden ist, mit anderen Worten: Sind diese Sterne wirklich Pulsationsveränderliche? Es ist schon mehrmals vermutet worden, der Lichtwechsel dieser Kp entstünde durch Rotation und ungleiche Helligkeit ihrer Oberfläche [121]!

Bei den β-Cep-Sternen lautet die Perioden-Radien-Beziehung

$$\lg R = \frac{5}{3} \lg P + 2.305$$

und ist damit von derselben Form, wie die Perioden-Radien-Beziehung der hellen Riesen

$$R \sim P^{5/3} .$$

Es kann dies ein Beweis dafür sein, daß sich die frühen B-Sterne sehr schnell zu hellen Riesen entwickeln!

6. Anzahl der kurzperiodischen Sterne

Elf der von mir untersuchten kurzperiodischen Veränderlichen mit dem Spektrum A0 bis F0 sind auf Grund der bekannten Entwicklungswege sicher im Spektralgebiet von A0 bis A7 von der Hauptreihe abgewandert (Abb. 43).

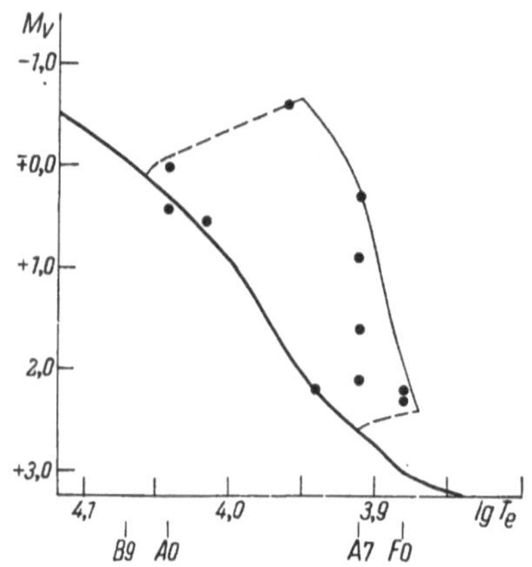

Abb. 43. Kurzperiodische zwischen A0 und F0
—— Hauptreihe nach MK
– – – Entwicklungswege nach SCHWARZSCHILD (104)
—— Grenze der Hauptreihen-„Nähe“

Ferner gehören von meinen 156 Programmsternen 30 bis 33 (also etwa 20%) zum Spektrum A0 bis A7 auf der Hauptreihe bzw. sind es Sterne, die aus diesem Gebiet der Hauptreihe abgewandert sind, aber noch in ihrer Nähe liegen (siehe Abb. 2). Unter „Nähe“ soll das in Abb. 43 durch die eingezeichneten Entwicklungswege begrenzte Gebiet oberhalb der Hauptreihe, also bis zu $\Delta M \approx -2.0$ verstanden werden.

Unter den Sternen bis zur Größe $6^m.0$ sind 30% A-Sterne. Hiervon habe ich ein Drittel für A8 und A9 sowie für A-Sterne vom Riesentypus, die nicht in der Nähe der Hauptreihe liegen, abgezogen. Ich glaube, daß sich dieser Wert verantworten läßt, und komme damit wieder zu 20% A-Sternen, die uns jetzt interessieren. Ferner sind nur die helleren Sterne mehr oder weniger systematisch auf schwach Veränderliche untersucht worden, etwa die 6000 Sterne bis zur Größe $6^m.0$. 20% davon sind 1200 Sterne.

Hiervon sind 11 Sterne oder 0.9% kurzperiodisch. Sicher sind es aber mehr als 1%, da längst nicht alle 1200 Sterne überprüft wurden.

Nach VON HOERNER [122], LOHMANN [123] u. a. (weitere Literatur siehe [124]) beträgt die Verweilzeit auf der Hauptreihe von A0 bis A7 (für die Mitte des Temperaturintervalls)

$$\tau_H \approx 0.7 \cdot 10^9 \, a .$$

Nach KOPYLOW [125] beträgt die Verweilzeit der β-Cep-Sterne im kurzperiodischen Stadium höchstens

$$\tau_\beta \approx 1 \cdot 10^6\, a\,.$$

Das Verhältnis der beiden Verweilzeiten ergibt

$$\frac{\tau_\beta}{\tau_H} \approx 0.0014\,.$$

Demnach dürfen sich nur 0.14% dieser Sterne im kurzperiodischen Stadium befinden. Die Erfahrung ergibt aber einen fast siebenmal so großen Wert. Daraus ist zu vermuten, daß A-Sterne mindestens eine Zehnerpotenz länger im kurzperiodischen Stadium verweilen als β-Cep-Sterne:

$$\tau_A \approx 1 \cdot 10^7\, a\,.$$

Die Gesamtmasse M der älteren Population I in der Galaxis beträgt nach BLAAUW u. a. [126] grob geschätzt etwa

$$M \approx 5 \cdot 10^9\, M_\odot\,.$$

Hiervon entfallen nach BLAAUW (veröffentlicht in [127], Tabelle 1.2) 24.5% auf A-Sterne:

$$M'_A \approx 1.2 \cdot 10^9\, M_\odot\,,$$

wobei leider von dem in Sonnenumgebung sich befindenden Teil auf die Gesamtheit der älteren Population I geschlossen werden muß. Nach den in den Symposium-Berichten Nr. 5, 7 und 9 der IAU [126, 128, 129] angegebenen Ergebnissen über die Massenverteilung in der Galaxis darf angenommen werden, daß ein solcher Schluß zumindest für eine grobe Abschätzung, wie sie hier nur gemacht werden kann, zulässig ist.

Von M'_A entfallen, wie schon gesagt, etwa $^1/_3\, M'_A$ auf die Spektraltypen A8 und A9 und gA-Sterne. Somit ergibt sich die Masse M_A der Sterne von A0 bis A7 zu

$$M_A \approx 8 \cdot 10^8\, M_\odot\,.$$

Nach VON HOERNER beträgt die Masse eines mittleren A-Sternes (A0 bis A7) ungefähr 2.5 $M_\odot$. Damit ergibt sich die Anzahl N der Sterne von A0 bis A7 auf der Hauptreihe oder in ihrer Nachbarschaft

$$N \approx 3.2 \cdot 10^8 \text{ Sterne}\,.$$

Davon sind mindestens 0.9% kurzperiodisch:

$$N_k \approx 2.9 \cdot 10^6 \text{ kurzperiodische A-Sterne.}$$

Zur Überprüfung dieser Abschätzung habe ich dasselbe Verfahren auf die β-Cep-Sterne angewandt.

Unter den Sternen bis zur Größe $6^m_{\cdot}0$ befinden sich etwa 10% vom Spektraltyp O5 bis B5, also etwa 600 Sterne. 13 davon oder 2.2% sind β-Cep-Variable.

Die Gesamtmasse der jungen oder extremen Population I, der diese frühen Spektraltypen angehören, beträgt nach BLAAUW u. a. [126]

$$M \approx 2 \cdot 10^9\, M_\odot\,.$$

Hiervon entfällt nach BLAAUW ([127], Tabelle 1.2) 0.05 auf die Masse der Sterne von O5 bis B5, wenn das interstellare Gas nach VOLTERS und VAN DE HULST [129] 1.5% der Masse der Galaxis beträgt:

$$M_B \approx 1 \cdot 10^8 \, M_\odot \, .$$

Das sind aber $6 \cdot 10^6$ Sterne, wenn man für die Mitte des Temperaturintervalls (B0 bis B1) 16 $M_\odot$ pro Stern annimmt. 2.2% hiervon sind β-Cep-Sterne:

$$N_\beta \approx 1.3 \cdot 10^5 \, \beta\text{-Cep-Sterne}$$

Dieser Wert ist um eine Zehnerpotenz größer als der von KOPYLOW [125]. Er fand durch eine ganz andere Abschätzung (Entwicklungswege und Verweilzeit im kurzperiodischen Stadium) $8 \cdot 10^3$ β-Cep-Sterne. Da beide Verfahren recht ungenaue Grundlagen haben, ist es fraglich, welcher Wert der wirklichen Anzahl der β-Cep-Sterne am nächsten kommt. Ich möchte meinen, es ist dies der Wert von KOPYLOW. Was bei der älteren Population *I* noch zulässig war, ist für die extreme Population *I* nicht mehr möglich: Da die extreme Population *I* nur Teile der Spiralarme bevölkert, kann man nicht mehr von Sonnenumgebung auf Gesamtpopulation schließen. Insofern darf man von dem Ergebnis sogar befriedigt sein, denn eine bessere Übereinstimmung konnte nicht erwartet werden.

Man kann meine Abschätzung über die Anzahl der kurzperiodischen A-Sterne in der Galaxis noch durch eine andere, wenn auch ganz grobe Möglichkeit überprüfen. Voraussetzung ist dabei wieder die Annahme, daß A-Sterne und B-Sterne bei ihrer Abwanderung von der Hauptreihe gleiche Entwicklungstendenzen zeigen. Nach den bei ALLEN [107], S. 216, tabulierten Sterndichten sind die A-Sterne auf Grund einer Stichprobe an 1230 Sternen bis zur Größe $12^{\mathrm{m}}.0$ sechzehnmal häufiger als die B-Sterne. Das Massenverhältnis der frühen B-Sterne (bis einschl. B5) zu den späten B-Sternen beträgt nach BLAAUW [127] ungefähr 1:9. Wird wieder nach VON HOERNER [122] für die Masse der frühen B-Sterne $M = 16 \, M_\odot$ und für die Masse der späten B-Sterne $M = 5 \, M_\odot$ angenommen, dann ergibt sich ein Verhältnis der frühen zu den späten B-Sternen von etwa 1:30. Insgesamt bedeutet das, daß die A-Sterne in der Galaxis ungefähr 400- bis 500mal häufiger als die frühen B-Sterne sind. Ein ähnliches Ergebnis ergibt sich auch aus der der Tabelle von ALLEN zugrunde liegenden Arbeit von NASSAU und MACRAE [130], wo besonders aus Tabelle 10 und Abb. 5 hervorgeht, daß dieses Verhältnis der beiden Spektraltypen etwa 1:130 beträgt. Dieses Ergebnis stimmt völlig überein mit dem aus meiner Abschätzung über die Massen der jungen und älteren Population *I* erzielten: Auch dort betrug die Anzahl der A-Sterne zwei Zehnerpotenzen mehr als die Anzahl der frühen B-Sterne. Da ich anfangs gleiche Entwicklungstendenzen voraussetzte, so ergibt sich, daß die kurzperiodischen A-Sterne etwa um einen Faktor 100 häufiger sind als die β-Cep-Sterne. Dies ist aber genau das Ergebnis, das eingangs über die Massenverteilung in der älteren Population *I* und dem prozentualen Anteil der kurzperiodischen A-Sterne an den hellen A-Sternen zustande kam. Trotz der zum Teil sehr ungenauen Ausgangsdaten dieser Abschätzungen können wir jetzt bei der als gut zu bezeichnenden Übereinstimmung der Ergebnisse annehmen, daß die Anzahl der kurzperiodischen A-Sterne in der Galaxis mindestens

$$N_A \geq 10^6 \, \text{Sterne}$$

beträgt.

7. Abschließende Bemerkungen

In den Abschnitten VII, 2, bis VII, 5, wurden einige markante Erscheinungen der Mikrovariablen diskutiert und zum Teil auch schon mit bekannten Veränderlichensequenzen verglichen. Zum Schluß sollen nun in diesem Abschnitt ein paar zusammenfassende und abschließende Bemerkungen über die Variabilität dieser Sterne gemacht werden.

Zuerst soll der prozentuale Anteil der mikrovariablen Sterne in den Leuchtkraftklassen (LC) betrachtet werden. Es sind mikrovariabel in Helligkeit oder Spektrum

in LC I = 47%
II = 33%
III = 26%
IV = 8%
V = 23%.

Die Anzahl der Veränderlichen ist demnach um so größer, je größer die absolute Leuchtkraft ist. Das ist ein Ergebnis, wie es zu erwarten war. Nur die Unterriesen scheinen einen sehr stabilen Zustand darzustellen. Tatsächlich gibt es auch sonst unter ihnen kaum Veränderliche. Andererseits muß aber auch beachtet werden, daß es sich hier um eine Statistik mit kleinen Zahlen handelt, so daß die geringe Zahl der variablen Unterriesen vorgetäuscht sein kann.

Für die Variabilität dieser Sterne ist bisher stillschweigend die Pulsationshypothese angenommen worden. Ist eine solche Annahme wirklich gerechtfertigt?

Ferrari d'Occhieppo gelangt in seiner Arbeit über die Perioden-Radien-Beziehung der δ-Cep-Sterne [113, 114] zu dem Schluß, daß die Radien der Pulsationsveränderlichen der Formel

$$\lg R = \frac{5}{6} \lg P + \text{const}$$

genügen müssen. Er kommt zu dieser linearen Abhängigkeit zwischen Periode und Radius durch Eliminierung der Masse in der Perioden-Dichte-Beziehung

$$P \sqrt{M/R^3} = Q$$

mittels homologer Sternmodelle. Kurth [131] weist aber nach, daß gerade für homologe pulsierende Sterne, für die der Radius in guter Näherung proportional zur Periode ist

$$R \sim P\,,$$

wie z. B. bei δ-Cep-Sternen, die Leuchtkraft umgekehrt proportional zur Periode wird

$$L \sim \frac{1}{P}\,,$$

was aber mit unserer Erfahrung nicht im Einklang steht. Kurth kommt daher zu dem Schluß, daß die pulsierenden Sterne nicht homolog sind.

Jedoch braucht man keine Sternmodelle zu benutzen, die Homologiebedingungen genügen, um zu beweisen, daß die von Ferrari d'Occhieppo aufgestellte Perioden-Radien-Beziehung für Pulsationsveränderliche vielleicht angenähert richtig sein kann. In der Perioden-Dichte-Beziehung kann die Masse auch durch empirische

Masse-Radius- oder Masse-Radius-Leuchtkraft-Beziehungen ersetzt werden, wo bei Vorhandensein der Leuchtkraft diese wieder durch

$$\lg L = 2 \lg R + 4 \lg \frac{T_e}{T_{e\odot}}$$

eliminiert werden muß. Solche Beziehungen sind von PARENAGO, MASSEWITSCH, AMBARZUMJAN u. a. [132, 133, 134] erst im Verlauf der letzten zehn Jahre erneut beschrieben worden. Hier sollen nur die Masse-Radius-Beziehungen nach PARENAGO und MASSEWITSCH, die diese aus der Masse-Leuchtkraft-Beziehung abgeleitet haben, kurz zitiert werden. Sie lauten für die

Überriesen: $R = 0.26\, M^{3.18}$,
roten Riesen: $R = 0.2\, M^{3.38}$,
Hauptreihensterne von O bis G4: $R = M^{0.75}$.

Sowohl diese als auch die von AMBARZUMJAN angegebenen Beziehungen ergeben bei Einsetzen in die Perioden-Dichte-Beziehung Faktoren q von $\lg P$, die um den von FERRARI D'OCCHIEPPO nachgewiesenen Faktor $q = 5/6 = 0.83$ liegen. Für die hier zitierten Masse-Radius-Beziehungen betragen diese Faktoren von $\lg P$ für die Überriesen und roten Riesen $q = 0.74$ und für die Hauptreihensterne $q = 1.2$ und für die bei AMBARZUMJAN angegebenen Beziehungen etwa $q = 0.8$ für alle Sterne.

Daß übrigens q kaum kleiner als 0.7 sein kann, wenn die Masse, wie für Pulsationsveränderliche üblich, $M > 1\, M_\odot$ ist, kann man leicht an der logarithmischen Darstellung der Perioden-Dichte-Beziehung sehen:

$$\lg P + 0.5 \lg M - 1.5 \lg R = \text{const} ,$$

denn für $M = 1\, M_\odot$ ergibt sich zwangsläufig

$$\lg R = 0.67 \lg P + \text{const} .$$

Diese Betrachtung ist vielleicht nicht ganz exakt, weil eigentlich die Masse durch den Radius ersetzt werden müßte und andererseits z. B. bei Hauptreihensternen für $M = 1\, M_\odot$ auch $R \approx 1\, R_\odot$ wird. Es soll dies nur eine Abschätzung nach unten für die Größe von q sein, wenn, wie schon bemerkt, $M > 1\, M_\odot$ ist.

Diese Bemerkungen gelten nun grundsätzlich für alle Pulsationsveränderlichen. Treten Veränderliche mit anderen Perioden-Radien-Beziehungen auf — ist insbesondere der Faktor von $\lg P$ kleiner als 0.7 —, dann muß entweder die Pulsationshypothese verworfen werden, oder — falls diese als richtig angesehen werden kann — es liegen kompliziertere Verhältnisse vor. Ähnliches muß auch gelten, falls q etwa den Wert 1 wesentlich überschreitet, wie das bei den β-Cep-Veränderlichen und — unter allem Vorbehalt (siehe Abschnitt VII,2) — bei den Mira-Sternen gegeben ist. Bei diesen Sternen, die wohl sicher Pulsationsveränderliche sind, liegen tatsächlich kompliziertere Verhältnisse vor, wie mehrere Perioden, ausgedehnte Atmosphären mit Opazitätsänderungen usw. Selbstverständlich gelten diese Bemerkungen hier auch für die in dieser Arbeit untersuchten Mikrovariablen. In ihren Perioden-Radien-Beziehungen ist der Faktor von $\lg P$ stets kleiner als 0.7, abgesehen von den sehr fraglichen hellen Riesen und den Kurzperiodischen. Trotzdem neige ich zu der Ansicht, daß diese Mikrovariablen in gewisser Hinsicht auch pulsierende Sterne sind. Die Begründung ist folgende:

1. Die in Katalog II abgebildeten oder im Text angeführten Lichtkurven bzw. Perioden sind zu einem großen Teil nicht ganz regelmäßig; oft sind sie überhaupt

nur als halbregelmäßig zu bezeichnen. Die Doppelsternhypothese scheidet daher für die meisten der Mikrovariablen von vornherein aus, wenn man nicht komplizierte Verhältnisse, wie Gasströme u. dergl., annehmen will.

2. Einige der Lichtkurven ähneln denen typischer Pulsationsveränderlicher, wie z. B. die Lichtkurve von α Aur. Auch dies ist kein eindeutiger Beweis, da es einige eruptive Veränderliche gibt, besonders CN-Orionis-Sterne, die ganz ähnliche Lichtkurven haben, allerdings mit viel größeren Amplituden (3^m). Es sei auch noch darauf hingewiesen, daß einige meiner Mikrovariablen Emissionsliniensterne sind, wie z. B. 48 Per oder $\varkappa$ Cas. Bei solchen Sternen kann durch mehr oder weniger periodische Schwankungen der Hülle ebenfalls ein schwacher Lichtwechsel entstehen. Bekannte Beispiele hierfür sind α Her und o And.

3. Bei adiabatischen Pulsationen gilt die durch EDDINGTON verallgemeinerte Form der Perioden-Dichte-Beziehung:

$$P\sqrt{\varrho_c} = \frac{0.290}{\sqrt{3\gamma - 4}} \text{ [Tage]},$$

wo P die Periode in Tagen und γ das Verhältnis der spezifischen Wärmen c_p/c_v bedeuten. ϱ_c ist die Mittelpunktsdichte und wird $\varrho_c = 54\,\bar{\varrho}$, falls die hier untersuchten Sterne nach der Polytropen $n = 3$ aufgebaut sind, was vorausgesetzt wird. Da für durchschnittliche Sternmaterie $4/3 < \gamma < 5/3$ sicher anzunehmen ist, kann leicht nachgeprüft werden, ob P tatsächlich eine Pulsationsperiode ist. Leider ist die Genauigkeit der Methode nicht besonders groß, da mit einigen wesentlichen Annahmen oder Voraussetzungen gerechnet werden muß. Es betrifft dies Masse und Radius zur Berechnung der mittleren Dichte $\bar{\varrho}$ und den Polytropenindex. Ferner ist der Spielraum für γ immerhin so groß, daß bei nicht genau bekannter oder nicht ganz regelmäßiger Periode diese nur um $\pm 0.1\,P$ variiert zu werden braucht, um in vielen Fällen bereits ein vernünftiges γ zu erzielen.

Ich habe mich deshalb begnügt, bei den Überriesen, bei denen der Faktor von lg P am meisten vom theoretischen Wert abweicht, eine Stichprobe an fünf Sternen vorzunehmen. Es sind dies α Cyg, ε Aur, δ CMa, α Per und VV Cep. Sie sind so ausgewählt, daß im Perioden-Radien-Diagramm (Abb. 27) der gesamte Bereich der Perioden größer als 1^d und der Leuchtkraftklassen von Ia bis Ib überstrichen wird. Das Ergebnis spricht sehr für die Pulsationshypothese: Nur bei VV Cep liegt γ mit 1.334 unwahrscheinlich nahe beim unteren Grenzwert 4/3. Jedoch liegen bei VV Cep sehr verwickelte Verhältnisse vor, u. a. zwei Perioden von ungefähr 5000 und 350 Tagen.

4. In seiner Arbeit über die Variabilität der Überriesen [45] bestimmt ABT die Pulsationskonstante

$$Q = P\sqrt{\bar{\varrho}}$$

auf empirischem Wege. Er kommt zu dem Ergebnis, daß Q für die verschiedenen Leuchtkraftklassen und Spektraltypen der Überriesen höchstens um einen Faktor 2.2 von der Pulsationskonstanten Q_δ der δ-Cep-Sterne verschieden ist. Auch für α Lyr als Hauptreihenstern ergibt sich $Q/Q_\delta = 1.1$. Da für gut bekannte Verhältnisse

$$0.8 \leqq \frac{Q}{Q_\delta} \leqq 2.6$$

gilt (nur eine Gruppe halbregelmäßiger M-Riesen hat $Q/Q_\delta \approx 5.4$), so liegen demnach die Q/Q_δ der Mikrovariablen zwischen diesen Grenzen. Dies darf als weitere Bestätigung der Pulsationshypothese angesehen werden.

5. Von einigen Autoren, sie sind bei ROSSELAND [135] aufgeführt, wurden halbempirische Tests zur Prüfung, ob Pulsationen vorliegen, entwickelt. Diese eignen sich im allgemeinen nur für δ-Cep-Sterne. Jedoch hat HELLERICH [136] eine von LUDENDORFF begründete Methode weiterentwickelt, so daß sie auf alle Pulsationsveränderliche anwendbar ist. Diese Methode ergibt für jeden zu untersuchenden Stern eine einfache lineare Proportion

$$A = y\,R_v$$

zwischen der Lichtwechsel- und Geschwindigkeitsamplitude, wobei der Proportionalitätsfaktor die Helligkeitsänderung für eine Geschwindigkeitsamplitude von 1 km/sec angibt. Durch einen Korrektionsfaktor f, der vom Spektraltyp abhängig ist, können die zu untersuchenden Sterne auf das für die Prüfung der δ-Cep-Sterne häufiger vorkommende Spektrum F 7.5 normiert werden, so daß dann alle Pulsationsveränderlichen untereinander vergleichbar sind. Für diesen Spektraltyp ist dann

$$f y = y_0 = 0\overset{\mathrm{m}}{.}022\,,$$

und die Beziehung lautet dann

$$A = 0\overset{\mathrm{m}}{.}022\,R_v\,.$$

Um y zu ermitteln, braucht man möglichst genaue Licht- und Geschwindigkeitskurven. Leider liegen beide Kurven bei fast keinem meiner Sterne zusammen vor, und wo dies doch der Fall ist, ist die Genauigkeit durch Unregelmäßigkeiten in den Perioden nicht gewährleistet. Daher wollen wir uns mit zwei Sternen (α Cyg und α Lyr) begnügen, auf die HELLERICH die Methode bereits angewandt hat. Für α Cyg ergibt sich $y_0 = 0\overset{\mathrm{m}}{.}027$ und für α Lyr $y_0 = 0\overset{\mathrm{m}}{.}032$. Wegen der nicht ganz konstanten Perioden dürfen die Abweichungen gegenüber $y_0 = 0\overset{\mathrm{m}}{.}022$ als im Fehler liegend angesehen werden. Leider existiert für α Lyr noch ein zweites $y_0 = 0\overset{\mathrm{m}}{.}086$, das sich auf die Messungen von FATH [60] bezieht und beträchtlich vom Sollwert abweicht. Trotzdem bleibt auch hier die Linearität $A \sim R_v$ erhalten, was z. B. bei Bedeckungslichtwechsel nicht erwartet werden kann. Auch dieser Test spricht bei den betrachteten Sternen für die Pulsationshypothese.

6. In seiner Arbeit über die Variabilität der Überriesen [45] deutet ABT diese geringe Veränderlichkeit ebenfalls als Pulsationen, weil im Spektrum von α Cyg, das mit einer Dispersion von 4.5 A/mm untersucht wurde, während der Veränderungen die Linienprofile gleich blieben, was bei zufälligen Störungen der Sternatmosphäre, wie z. B. Turbulenz, nicht der Fall wäre. Zu einem ähnlichen Ergebnis kommt auch GROTH [81]. Hierzu siehe auch Katalog II, Stern Nr. 100 (α Cyg).

Obwohl die Begründungen für die Pulsationshypothese der hier untersuchten Mikrovariablen sich meistens nur auf Stichproben berufen können und manchmal nicht ganz eindeutig waren, so sprechen sie doch alle für die Pulsationshypothese. Es gibt auch sonst keine Begründung, die andere Hypothesen, wie Doppelsternnatur, Turbulenz, ausgedehnte Flecken oder Eruptionen, plausibel erscheinen ließen. Da, wo solche Erscheinungen auftraten, konnten sie im Verlaufe dieser Arbeit erkannt und ausgesondert werden. Wir dürfen daher annehmen, daß es sich bei den kleinen Änderungen der Helligkeit (oder auch des Spektrums) sicher um Pulsationen bandelt.

Es wäre noch von Interesse zu erfahren, ob Makrovariabilität (große Amplituden) und Mikrovariabilität Erscheinungen ein und derselben Ursache im Sterninneren sind. Der von ABT [45] nachgewiesene geringe Unterschied der Pulsationskonstanten könnte dies vermuten lassen. In diesem Zusammenhang sei auch auf die Bedeutung der Perioden-Radien-Beziehung hingewiesen. Sie erwies sich in dieser Arbeit als ein sehr nützliches Mittel zur Diskussion veränderlicher Sterne, denn gegenüber anderen Beziehungen erscheint sie als eine recht einheitliche Beziehung innerhalb der Leuchtkraftklassen. Außerdem zeigt sie zwischen den Leuchtkraftklassen eine systematische Entwicklung, die allerdings zwischen LC II und LC III unterbrochen wird. Das bedeutet aber, daß die sehr massereichen Sterne der LC I und LC II eine von den Sternen mit sonnenähnlicher Masse abweichende Perioden-Radien-Beziehung haben. Dies sei hier nochmals in allgemeiner Form dargestellt:

$$\lg R = q \lg P + \text{const},$$

mit $q \approx 1/2$ für die LC III und LC V

und $q = r/3$, mit $r = 5$ für die LC II (?), β-Cep-Sterne und Mira-Sterne (?),

$r = 2.5$ für δ-Cep-Sterne, RR-Lyr-Sterne und

$r = 1$ für LC I.

Es wird kaum möglich sein, eine Beziehung zwischen der Periode und einer anderen Zustandsgröße der veränderlichen Sterne zu finden, die eine ähnliche systematische Geschlossenheit aufweist. Auch dies erscheint mir als ein gewisser Beweis, daß Makrovariabilität und Mikrovariabilität Erscheinungen ein und derselben Ursache sind. Gegen diese Meinung würde allerdings sprechen, daß $q < 5/6$ ist. Andererseits sind aber Sterne mit $q > 5/6$ bekannte Pulsationsveränderliche! Wahrscheinlich liegen bei den Veränderlichen mit $q < 5/6$ ähnliche komplizierte Verhältnisse vor wie bei den Sternen mit $q > 5/6$. Die Unregelmäßigkeiten in den Lichtkurven der Mikrovariablen lassen übrigens auch multiple Perioden vermuten. Daß man außerdem das theoretische $q = 5/6$, das nur für RR-Lyrae- und δ-Cephei-Veränderliche zutrifft, nicht überbewerten darf, deutete ich vorhin schon an. Auch die empirischen Masse-Radius-Beziehungen können nicht allzuviel zur Klärung beitragen, da sie letztlich doch immer nur einen groben Querschnitt durch die Sterne einer Leuchtkraftklasse darstellen und sich auch nur auf die Untersuchung relativ geringer Sternanzahlen begründen. Auch ist nicht bekannt, ob die Mikrovariablen infolge kleiner Zustandsänderungen die Masse-Radius-Beziehungen noch exakt einhalten. Ferner muß hier nochmals erwähnt werden, daß die Veränderlichen der hypothetischen Maia- und τ-Cygni-Sequenz eine abweichende Perioden-Radien-Beziehung besitzen. Bei diesen kurzperiodischen Sternen kann man aber tatsächlich neben Pulsationen auch Oberflächenerscheinungen verbunden mit der großen Rotationsgeschwindigkeit dieser Sterne annehmen. Beiträge zur Klärung dieser Frage sowie noch anderer offenstehender Probleme, insbesondere solcher, die mit der Perioden-Radien-Beziehung und deren Faktor q zusammenhängen, sollen das Ziel weiterer Arbeiten sein. Auch verwies ich in der Vorbemerkung dieses letzten Abschnittes auf die nur ungenau bekannten Perioden und das geringe Material, wodurch die Ableitungen der Perioden-Radien-Beziehungen nur den Charakter einer gesicherten Tendenz bekommen. Zwar sind dies nicht die einzigen Fehlerquellen für eine Unsicherheit der Perioden-Radien-Beziehung, wenn man bedenkt, daß die Radien aus dem STEPHAN-BOLTZMANNschen-Gesetz errechnet worden sind, doch sind es die Fehlerquellen, die sich durch geeignete Messungen beseitigen lassen. Auch dafür gilt es, neues Beobachtungsmaterial zu schaffen.

Die Herren Prof. C. Hoffmeister — Sonneberg, Prof. H. Lambrecht — Jena und Prof. W. Ilberg — Leipzig haben durch Diskussionen und anderweitige Förderungen diese Arbeit ermöglicht und günstig beeinflußt. Ihnen gilt deshalb mein ganz besonderer Dank.

Summary

This paper gives a test of 156 bright stars having been investigated for small changes of brightness by means of a photoelectric measuring procedure. A sample distribution has shown that 22% of these stars are variable with amplitudes between $0\overset{m}{.}03$ and $0\overset{m}{.}1$. The period-radius-relation proved to be extremely favourable for further discussion of these stars. It represents rather a uniform relation among the variable stars. Although the empirical period-radius-relation differs from the theoretical function, yet it is most probable that these micro-variables are pulsating variables. The stars of the main sequence showed the tendency to become slightly variable when leaving the main sequence. There also exists in the spectral region A, similar to the early B stars, a group of short period stars the number of which in the galaxy amounts to 10^6 stars, at least according to an estimate of the mass of the appropriate population.

LITERATUR

[1] Güssow, M., Guthnick, P., Katalog lichtelektrisch gemessener Sterne. Kl. Veröff. Berlin-Babelsberg **2**, Nr. 8 (1930).

[2] Zinner, E., Verzeichnis von 2191 verdächtigen Sternen. Astr. Abh. Erg. H. d. AN **8**, Nr. 1 (1931).

[3] Lynds, C. R., The Light-Variability of early B Giants. ApJ **130**, No. 2, 577 (1959).

[4] Meyer, E. J., Das Guthnicksche lichtelektrische Photometer. Z. f. Instrumentenk. **55**, 111 (1935).

[5] Jackisch, G., Die Intensitätsverteilung im Spektrum einer radioaktiven Leuchtscheibe. Wissen. Z. Karl-Marx-Univ. Leipzig, Math.-nat. Reihe **3**, H. 4, 409 (1953/54).

[6] Simon, H., Suhrmann, R., Der lichtelektrische Effekt und seine Anwendungen. Springer-Verlag 1958, S. 415.

[7] dass., S. 393.

[8] Schlesinger, F., Jenkins, L., Catalogue of bright Stars. Yale Obs. 1940.

[9] Eggen, O. J., Photometric Parallaxes and the Mass-Luminosity Relation. AJ **61**, 361 (1956).

[10] Behr, A., Die interstellare Polarisation des Sternlichts in Sonnenumgebung. Veröff. Göttingen Nr. 126, 185 (1959).

[11] Bečvář, A., Atlas Coeli II, Katalog 1950.0. Praha 1959.

[12] Keenan, P. C., Morgan, W. W., Classification of Stellar Spektra, in J. A. Hynek, Astrophysics. New York 1951.

[13] Johnson, H. L., Hiltner, W. A., Observational Confirmation of a Theory of Stellar Evolution. ApJ **123**, 267 (1956).

[14] Aitken, R. G., New General Catalogue of Double Stars. Washington 1932.

[15] KUKARKIN, B. W., PARENAGO, P. P., JEFREMOW, J. I., CHOLOPOW, P. N., Generalkatalog Veränderlicher Sterne, 2. Aufl. Moskau 1958.

[16] BOSS, B., General Catalogue of 33 342 Stars for the Epoch 1950. Washington 1937.

[17] SCHMIDT, H., Der Hüllenstern Omikron Andromedae. Z. Aph. **48**, 249 (1959).

[18] RICHTER, N., Radioaktiv angeregte Kristallphosphore als photometrische Standardlichtquellen. Die Sterne **29**, 196 (1953).

[19] MÜLLER, G., Extinktionstabellen in Hdb. d. Aph. **2**/1. Berlin 1929.

[20] TRUMPLER, R. J., WEAVER, H. F., Statistical Astronomy. Berkeley 1953.

[21] LINDER, A., Statistische Methoden. Basel 1957.

[22] WEBER, E., Grundriß der biologischen Statistik. Jena 1956.

[23] dass., S. 422.

[24] dass., S. 279.

[25] dass., S. 294.

[26] GENT, H. VAN, Discussion of 122, mostly new, Variable Stars in or near the Constellation Corona Australis. BAN **7**, 27 (1933).

[27] KVÍZ, Z., On the Probability of the Discovery of a Variable Star. Contr. Brno **1**, No. 14 (1956).

[28] KVÍZ, Z., Probability of the Perceptibility of a Meteor and the Independent Counting Method. BAC **9**, 70 (1958).

[29] GÜSSOW, K., Leistungsgrenzen astronomischer lichtelektrischer Photometer. Jenaer Jahrbuch 1955 I.

[30] GÜSSOW, K., Untersuchungen zur lichtelektrischen Photometrie I. Mitt. Jena, Nr. 29.

[31] SIEDENTOPF, H., ELSÄSSER, H., Szintillationsuntersuchungen am Jungfraujoch. Z. Aph. **35**, 21 (1954).

[32] HERMANN, W., Rauschuntersuchungen und Linearitätsprüfungen an Photo-Multipliern. Mitt. Tübingen Nr. 29.

[33] JOHNSON, H. L., A Theoretical Discussion of the Ultimate Limits of Astronomical Photoelectric Photometers. ApJ **107**, 34 (1948).

[34] GÜSSOW, K., Physikalische Grundlagen der lichtelektrischen Photometrie. Die Sterne **33**, 81 (1957).

[35] SIMON, H., SUHRMANN, R., Der lichtelektrische Effekt und seine Anwendungen. Springer-Verlag 1958, S. 352—369.

[36] GUTHNICK, P., PRAGER, R., Photoelektrische Untersuchungen an spektroskopischen Doppelsternen und an Planeten. Veröff. Berlin-Babelsberg **I**, H. 1 (1914).

[37] GUTHNICK, P., PRAGER, R., Photoelektrische Untersuchungen an spektroskopischen Doppelsternen und an Planeten II. Veröff. Berlin-Babelsberg **II**, H. 3 (1918).

[38] SCHNELLER, H., Beobachtungen veränderlicher Sterne III. Kl. Veröff. Berlin-Babelsberg **5**, Nr. 17 (1936).

[39] RICHTER, N., Untersuchungen über die atmosphärische Extinktion. AN **256**, 77 (1935).

[40] LARSSON-LEANDER, G., Photoelectric Observations of ζ Aurigae during the Eclipses in 1955—1956 and 1958. Medd. Stockholm No. 120 (1960).

[41] ROACH, F. E., WOOD, F. B., An Interpretation of the Photometric Observations of Zeta Aurigae. Ann. Astroph. **15**, 21 (1952).

[42] WOOD, F. B., BLITZSTEIN, W., Observations of ζ Aurigae in the 1955—1956 Eclipse. AJ **62**, 165 (1957).

[43] MCKELLAR, A., PETRIE, R. M., Intensity and Radial-Velocity Measurements on the Spectrum of Zeta Aurigae at recent Eclipses. Contr. Victoria, No. 29 (1952).

[44] WILSON, O. C., ABT, H. A., Chromospheric Structure of the K-Type Component of Zeta Aurigae. ApJ Suppl. **1**, 1 (1954).

[45] ABT, H. A., The Variability of Supergiants. ApJ **126**, 138 (1957).

[46] WIDORN, TH., Lichtelektrische Beobachtungen von Epsilon und Eta Aurigae. Mitt. Wien **10**, 2 (1959).

[47] GUTHNICK, P., PAVEL, F., Vorläufige Ergebnisse lichtelektrischer Messungen des Jahres 1921 an Veränderlichen geringer Helligkeitsschwankungen. AN **215**, 395 (1922).
[48] STEBBINS, J., Photometric Tests of Spectroscopic Binaries. ApJ **39**, 463 (1914).
[49] HERSCHEL, J. F. W., Brief an den Herausgeber. AN **16**, 187 (1839).
[50] LAU, H. E., Bemerkungen zur Revised Harvard Photometry. AN **196**, 425 (1914).
[51] STEBBINS, J., Photo-electric Photometry of Stars. Publ. Washburn **XV**, 74 (1928).
[52] SCHMIDT, J., Beobachtungen veränderlicher Sterne. AN **62**, 344 (1864).
[53] PARENAGO, P. P., A Revision of the Spectrum-Luminosity Diagram according to near Stars. AJ UdSSR **35**, 169 (1958).
[54] WRIGHT, K. O., The Secondary Component in the Spectrum of Capella. Contr. Victoria, No. 36 (1954).
[55] PAYNE-GAPOSCHKIN, C., GAPOSCHKIN, S., Variable Stars. Harvard Obs. Monogr. No. 5, Cambridge 1938.
[56] JASCHEK-CORVALAN, M., JASCHEK, C., CaII Emission in the Spectrum of γ Ursae Majoris. PASP **69**, 176 (1957).
[57] HOFFMEISTER, C., Beobachtungen veränderlicher und verdächtiger Sterne. AN **202**, 33 (1915).
[58] SANDAGE, A. R., EGGEN, O. J., On the Existence of Subdwarfs in the (M_{Bol}, Log T_e)-Diagram. MN **119**, 278 (1959).
[59] EGGEN, O. J., Motions of the Bright Peculiar and Metallic-Line A-Type Stars. Obs. **79**, 197 (1959).
[60] FATH, E. A., Pulsation in Stellar Atmospheres. Lick Bull. **17**, 115 (1935).
[61] BELOPOLSKY, A., Über kurzperiodische Änderungen der Radialgeschwindigkeit bei dem Stern Vega. Z. Aph. **2**, 245 (1931).
[62] NEUBAUER, F. J., The Radial Velocity of α Lyrae. Lick Bull. **17**, 109 (1935).
[63] BERTAUD, CH., Catalogue et Bibliographie des Étoiles à A Spectre particulier. J. Obs. **42**, 45 (1959).
[64] BINNENDIJK, L., Photoelectric Observations of β Lyrae. AJ **65**, 84 (1960).
[65] WRIGHT, K. O., A Spectrographic Study of the Eclipsing Binary 32 Cygni. Publ. Victoria **9**, 189 (1952).
[66] WELLMANN, P., Spectroscopic Results on 32 Cygni. ApJ **126**, 30 (1957).
[67] WESTON, E. B., The Spectrum and Characteristics of the long-period Eclipsing Binary 32 Cygni. AJ **58**, 233 (1953).
[68] MCKELLAR, A., PETRIE, R. M., Victoria Observations of 31 Cygni. Publ. Victoria **11**, 1 (1958).
[69] MCKELLAR, A., ALLER, L. H., ODGERS, G. J., RICHARDSON, E. H., The Chromospheric K-Line of Ca II in the Spectrum of 31 Cygni. Publ. Victoria **11**, 35 (1959).
[70] LARSSON-LEANDER, G., Spectrophotometry of 31 Cygni at Egress 1951. Ann. Stockholm **19**, No. 8 (1957).
[71] WOOD, F. B., Photometric Observations of 31 Cygni in the 1951 Eclipse. AJ **58**, 51 (1953).
[72] WOOD, F. B., LEWIS, E. M., A Note on 32 Cygni. AJ **59**, 119 (1954).
[73] BOZULA, R. A., 32 Cygni. VS Bull. **11**, 438 (1957).
[74] CHANDRA, S., PANDE, M. C., Photoelectric Observations of the Eclipsing Binary 32 Cygni. Obs. **80**, 146 (1960).
[75] MOORE, J. H., Fourth Catalogue of Spectroscopic Binary Stars. Lick Bull. **18**, 26, Tabelle II (1936).
[76] GUTHNICK, P., PAVEL, F., Veränderliche mit geringen Helligkeitsschwankungen. AN **212**, 167 (1920).
[77] PANDE, M. C., A Preliminary Note on the Light Variations of Tau Cygni. Obs. **80**, 225 (1960).
[78] LAU, H. E., Beobachtungen der Veränderlichkeit verdächtiger Sterne. AN **208**, 137 (1918).

[79] Brodskaja, E. S., Elektrophotometrische Beobachtungen von vier Überriesen und zwei Wolf-Rayet-Sternen. Nachr. Krim **6**, 84 (1950).
[80] Paddock, G. F., Spectrographic Observations of Alpha Cygni. Lick Bull. **17**, 99 (1935).
[81] Groth, H.-G., Die Atmosphäre des A2-Übergiganten α Cyg. II. Teil. Z. Aph. **51**, 231 (1961).
[82] Unsöld, A., Physik der Sternatmosphären (Abschnitt 115). 2. Aufl. Berlin-Göttingen-Heidelberg 1955.
[83] Miczaika, G. R., Spektrographische Beobachtungen von Be- und Ae-Sternen. AN **277**, 32 (1949).
[84] Greenstein, J. L., A Peculiarity of the Spectrum of Pi Pegasi. ApJ **117**, 269 (1953).
[85] Moore, J. H., Third Catalogue of Spectroscopic Binary Stars. Lick Bull. **11**, 141 (1924).
[86] Payne-Gaposchkin, C., Spectrophotometric Study of Stellar Rotation: An Analysis of β Cassiopeiae. PASP **69**, 46 (1957).
[87] Guthnick, P., Jahresberichte der Sternwarte Berlin-Babelsberg für 1930. VJS **66**, 123 (1931).
[88] Joy, A. H., Wilson, R. E., Stars, whose Spectra have bright H and K Lines of Calcium. Contr. Mt. Wilson **29**, 319 (1949).
[89] Wood, F. B., Photometric Evidence of Instability in Eclipsing Systems. Flower Repr. 106.
[90] Walker, M. F., A Search for Stars of the β Canis Majoris Type. AJ **57**, 227 (1952).
[91] Lynds, C. R., Photoelectric and Spectroscopic Observations of Omicron Persei. ApJ **131**, 122 (1960).
[92] Wilson, R., Spectrophotometric Measurements of early Type Stars. Publ. Edinburgh **2**, 61 (1958).
[93] Oke, J. B., A Study of the Atmospheres of early O and Of Stars. ApJ **120**, 22 (1954).
[94] Struve, O., Sahade, J., Huang, S.-S., Zebergs, V., The Radial Velocity of ν Persei. PASP **70**, 409 (1958).
[95] Campell, W. W., Moore, J. H., Radial Velocities of Stars. Lick Publ. **16**, 45 (1928).
[96] Righini, G., Mannino, G., Ricerche spettrofotometriche sulle stelle Be. II. Mem. SA. It. (N. S.) **23**, 283 (1952).
[97] Spinrad, H., Photoelectric Observations of μ Persei. PASP **71**, 170 (1959).
[98] Miczaika, G. R., Spektrographische Beobachtungen von Be- und Ae-Sternen. AN **277**, 167 (1949).
[99] Greenstein, J. L., Some Emission-Line G-Type Stars. PASP **64**, 71 (1952).
[100] Abt, H. A., The Frequency of Binaries among Metallic-Line Stars. ApJ Supp. **6**, 37 (1961).
[101] Kukarkin, B. W., Parenago, P. P., Jefremow, J. I., Cholopow, P. N., Katalog der Verdächtigen Sterne. Moskau 1951.
[102] Bidelman, W. P., Catalogue and Bibliography of Emission-Line Stars of Types later than B. ApJ Supp. **1**, 175 (1954).
[103] Kuiper, G. P., The Magnitude of the Sun, the Stellar Temperature Scale, and Bolometric Corrections. ApJ **88**, 429 (1938).
[104] Schwarzschild, M., Structure and Evolution of the Stars. Princeton 1958.
[105] Flügge, S., Handbuch der Physik **51**. Berlin-Göttingen-Heidelberg 1958.
[106] Kukarkin, B. W., Erforschung der Struktur und Entwicklung der Sternsysteme. Berlin 1954.
[107] Allen, C. W., Astrophysical Quantities. London 1955.
[108] Becker, W., Sterne und Sternsysteme. Dresden und Leipzig 1950.
[109] Gaposchkin, S., Masses, Radii, and other absolute Dimensions for 224 Eclipsing Variables. HR 201 (1940).
[110] Fredrick, L. W., The System of VV Cephei. AJ **65**, 628 (1960).
[111] Schmidt-Kaler, Th., Polarisation, Farbenindizes und Leuchtkräfte von Überriesen mittleren und späten Spektraltyps. In Mitt. AG 1959, S. 71.

[112] Becker, W., Spektralphotometrische Untersuchungen an δ-Cephei-Sternen X. Z. Aph. **19**, 289 (1940).

[113] Ferrari d'Occhieppo, K., Die Massen der Delta-Cephei- und RR-Lyrae-Sterne. Mitt. Wien **8**, 265 (1956).

[114] Ferrari d'Occhieppo, K., Zur Periode-Radius-Beziehung der Delta-Cephei-Sterne. Mitt. Wien **9**, 143 (1957).

[115] Landolt-Börnstein, Band III, Astronomie und Geophysik. Berlin-Göttingen-Heidelberg 1952.

[116] Huang, S., Struve, O., A Microphotometric Study of the Spectrum of Maia. ApJ **123**, 231 (1956).

[117] Mendoza, E. E., A Spectroscopic Study of the Plejades. ApJ **123**, 54 (1956).

[118] Walker, M. F., The Light-Variations of HD 217050. ApJ **118**, 481 (1953).

[119] Struve, O., Some unusual short-period Variables. Sky and Telescope **14**, 461 (1955).

[120] Meyer, E. J., Lichtelektrische Messungen von γ Ursae minoris. AN **259**, 237 (1936).

[121] Struve, O., Spectroscopic Binaries. Pop. Astr. **58**, 7 (1950).

[122] Hoerner, S. v., Altersbestimmung offener Sternhaufen. Z. Aph. **42**, 273 (1957).

[123] Lohmann, W., Das Alter offener Sternhaufen und die Hauptreihe zur Zeit t_0. Z. Aph. **42**, 114 (1957).

[124] Burbidge, G. R., Kahn, F. D., Ebert, R., Hoerner, S. v., Temesváry, St., Die Entstehung von Sternen durch Kondensation diffuser Materie. Berlin-Göttingen-Heidelberg 1960.

[125] Kopylow, I. M., Die Sequenz der β-CMa-Sterne. Nachr. Krim **21**, 71 (1959).

[126] Blaauw, A., u. a., Second Conference on Co-Ordination of Galactic Research. Symposium No. 7 of the IAU. Cambridge 1959.

[127] Payne-Gaposchkin, C., Variable Stars and Galactic Structure. London 1954.

[128] Roman, N. G., Comparison of the Large-Scale Structure of the Galactic System with that of other Stellar Systems. Symposium No. 5 of the IAU. Cambridge 1958.

[129] Bracewell, R. N., Paris Symposium on Radio Astronomy. Symposium No. 9 of the IAU. Stanford 1959.

[130] Nassau, J. J., MacRae, D. A., A Study of the Galactic Structure in a clear Region in Cygnus. ApJ **110**, 40 (1949).

[131] Kurth, R., Die Homologie-Sätze der Theorie des Sternaufbaus. Z. Aph. **32**, 11 (1953).

[132] Parenago, P. P., Massewitsch, A. G., Untersuchungen der Masse-Leuchtkraft-Radius-Beziehung. Abh. Sowj. Astr. **2**, 27 (1951).

[133] Massewitsch, A. G., Parenago, P. P., Untersuchungen der Masse-Leuchtkraft-Radius-Beziehung. Abh. Sowj. Astr. **2**, 45 (1951).

[134] Ambarzumjan, V. A., Mustel, E. R., u. a., Theoretische Astrophysik, S. 271. Berlin 1957.

[135] Rosseland, S., The Pulsation Theory of Variable Stars. Oxford 1949.

[136] Hellerich, H., Über die Beziehung zwischen den Amplituden der Licht- und Geschwindigkeitskurven bei den δ-Cephei-Veränderlichen und verwandten Typen. AN **269**, 258 (1939).

[137] Bappu, M. K. V., The Light Variation of 6 Cassiopeiae. Obs. **79**, 100 (1959).

FSC
www.fsc.org
MIX
Papier | Fördert
gute Waldnutzung
FSC® C083411

Zeitfracht Medien GmbH
Ferdinand-Jühlke-Straße 7
99095 Erfurt, Deutschland
produktsicherheit@kolibri360.de